2023 年新版

煤矿职工安全手册

（数字化互动版）

全国煤矿安全培训教材建设专家委员会 组织编写

宋先明 赵开功 主 编

中国矿业大学出版社

· 徐州 ·

内 容 提 要

本手册采用数字化、互动式方式编写，职工通过手机扫码观看书中二维码链接的视频，即可轻松地学习到相关的安全知识。看完视频后，通过完成每个知识点后的学习任务卡、安全答题挑战等互动式任务，检验是否掌握了所学的安全知识，并将这些安全知识与本矿、本岗位实际相结合，以达到学以致用的目的，全面实现职工安全素质的提升。

本手册适用于煤矿企业职工学习必备的安全知识。

图书在版编目(CIP)数据

煤矿职工安全手册 / 宋先明，赵开功主编. —徐州：中国矿业大学出版社，2023.3(2024.10 重印)

ISBN 978 - 7 - 5646 - 5757 - 4

Ⅰ.①煤… Ⅱ.①宋… ②赵… Ⅲ.①煤矿—安全生产—手册 Ⅳ.①TD7-62

中国国家版本馆 CIP 数据核字(2023)第 034242 号

书　　名　煤矿职工安全手册

主　　编　宋先明　赵开功

责任编辑　吴学兵　陈　慧

出版发行　中国矿业大学出版社有限责任公司

（江苏省徐州市解放南路　邮编 221008）

营销热线　(0516)83885370　83884103

出版服务　(0516)83885312　83884920

网　　址　http://www.cumtp.com　**E-mail**:cumtpvip@cumtp.com

印　　刷　苏州市古得堡数码印刷有限公司

开　　本　880 mm×1240 mm　1/64　**印张** 4　**字数** 113 千字

版次印次　2023 年 3 月第 1 版　2024 年 10 月第 5 次印刷

定　　价　19.80 元

数字资源使用方法

刮开封底防伪码，手机微信扫码注册，然后微信扫书中二维码即可观看对应视频。防伪码注册有问题请致电0516-83885312。

更多知识请关注“中国矿业大学出版社煤炭知识服务”微信公众号。

中国矿业大学出版社煤炭知识服务

安全第一  预防为主

上有老，下有小，出了事故不得了，
严是爱，松是害，搞好安全利三代；

尊法律，守规章，安全生产有保障，
重生产，轻安全，出了事故全玩完；

安全好，效益增，幸福生活好前程，
查隐患，控风险，生产事故日日减；

企业安，家庭福，我的安全我做主，
人为本，命关天，红线意识记心间！

安全发展  警钟长鸣

《煤矿职工安全手册》
编写委员会

主　　编	宋先明	赵开功	
副 主 编	郑　昀	刘士建	黄学志
	宋　岩	李建斌	盖泳伶
	胡　娇	雪洋洋	
编写人员	王善礼	尤洪利	刘学功
	卢　杰	王丙成	李芳芳
	仲继军	刘　振	李　侠
	王锐利	曾祥猛	祝立平
	朱　超	郭媛媛	翁海龙
	王宏飞	郭海身	蔡传胜
	张俊培	张世杰	李长明
	刘　滨	李严肃	

前　言

亲爱的工人师傅，您好！您是否曾经因为学习了很多安全与急救知识却不知道如何操作而苦恼，现在请拿出您的手机，用微信扫一扫书中的二维码，观看二维码链接的实操视频，它将为您呈现全新的学习体验，让您一看就懂，一学就会。

本手册采用数字化、互动式方式编写，职工通过手机扫码观看书中二维码链接的视频，即可轻松地学习到相关的安全知识。看完视频后，通过完成每个知识点后的学习任务卡、安全答题挑战等互动式任务，检验是否掌握了所学的安全知识，并将这些安全知识与本矿、本岗位实际相结合，以达到学以致用的目的，全面实现职工安全素质的提升。

数字化、互动式教材是煤炭行业职工培训教材的重大创新，它可以大大减轻职工的学习负担，增加职工的学习兴趣，让职工告别枯燥的文字阅读学习，用最短的时间、最直观的体验和最便捷的方式学会必备的安全常识。我们希望以这种方式开启职工培训学习的新时代，我们也会继续努力去调研和探索，开发更多具有实用价值、能够满足职工技能提升需求的数字化、互动式教材。

本手册主要内容包括职工的权利、义务与岗位准入，入井常识，煤矿职业病防治，常见“三违”行为及其危害，煤矿重大事故隐患，煤矿井下避灾，自救、互救与现场急救，煤矿主要灾害事故防治与应急避险，煤矿安全生产隐患和违法行为举报等。

本手册适用于煤矿企业职工学习必备的安全知识。

由于编者水平所限，书中不当之处在所难免，敬请广大读者批评指正。

编　者

2023年2月

目　录

第一章　职工的权利、义务与岗位准入

第一节　职工的权利

安全提示：下述权利是法律赋予我们煤矿职工的，当我们的权利受到侵害时，我们应该向煤矿企业和煤炭管理部门、工会组织举报，以维护我们的正当权益。

1. 劳动保护和提请劳动争议处理权

职工有要求用人单位保障职工的劳动安全、防治职业病危害的权利。职工与用人单位建立劳动关系时，应当要求订立劳动合同，劳动合同应当载明为职工提供符合国家法律、法规、标准规定的劳动安全卫生条件和必要的劳动防护用品，工作场所存在的职业病危害因素以及有效的防护措施，对从事有毒有害作业的职工定期进行健康检查，依法为职工办理工伤保险等。

当职工的劳动保护权益受到伤害，或者与用人单位因劳动保护问题发生纠纷时，有向有关部门提请劳动争议处理的权利。

2. 安全生产知情权

职工有权了解作业场所和工作岗位存在的危险因素、危害后果，以及针对危险因素应采取的防范措施和事故应急措施，用人单位必须向职工如实告知，不得隐瞒和欺骗；进入工作面前，职工有权要求跟班干部或班长检查工作面，并制定具体的安全措施。如果用人单位没有如实告知，职工有权拒绝工作，用人单位不得因此做出对职工不利的处分。

3. 参与安全生产管理权

职工有权参加本单位安全生产工作的民主管理和民主监督，对本单位的安全生产工作提出意见和建议，对不符合党和国家安全生产方针和法律、法规规定的规章、制度有权提出修改意见，用人单位应重视和尊重职工的意见和建议，并及时做出答复。

4. 安全生产监督权

职工有权对企业贯彻、执行党和国家安全生产方针的情况、有关安全生产法规及管理制度的执行情况、管理干部行为、作业现场的安全情况、安全技术措施专项费用使用情况进行监督。

5. 安全生产教育培训权

职工享有参加安全生产教育培训的权利。用人单位应依法对职工进行安全生产法律、法规、规程及相关标准的教育培训，使职工掌握从事岗位工作所必须具备的安全生产知识和技能。用人单位没有依法对职工进行安全生产教育培训，特殊工种作业人员未取得操作资格证书的，职工有权拒绝上岗作业。

6. 职业健康保护权

对于从事接触职业病危害因素或可能导致职业病作业的职工，有权获得职业健康检查并了解检查结果。被诊断为患有职业病的职工有依法享受职业病待遇，接受治疗、康复和定期检查的权利。

7. 拒绝违章指挥权

违章指挥是指用人单位的有关管理人员违反安全生产的法律法规和有关安全规程、规章制度的规定，指挥从业人员进行作业的行为；强令冒险作业是指用人单位的有关管理人员，明知开始或继续作业可能会有重大危险，仍然强迫职工进行作业的行为。违章指挥、强令冒险作业违背了“安全第一”的方针，侵犯了职工的合法权益，职工有权拒绝；违章操作，职工有权制止；跟班干部擅离工作岗位，职工有权向有关方面报告。用人单位不得因职工拒绝违章指挥和强令冒险作业而打击报复，降低其工资、福利等待遇或解除与其订立的劳动合同。

8. 停止作业避险权

职工发现直接危及人身安全的紧急情况时，有权停止作业，或者在采取可能的应急措施后，撤离作业场所。用人单位不得因职工在紧急情况下停止作业或者采取紧急撤离措施而降低其工资、福利待遇或者解除与其订立的劳动合同。但职工在行使这一权利时要慎重，要尽可能正确判断险情危及人身安全的程度。

9. 工伤保险和民事索赔权

用人单位应当依法为职工办理工伤保险，为职工缴纳工伤保险费。职工因安全生产事故受到伤害，除依法应当享受工伤保险外，还有权向用人单位要求民事赔偿。工伤保险和民事赔偿不能互相取代。

10. 批评、检举和控告权

职工有权向煤矿企业和煤炭管理部门、工会组织举报违反有关安全生产法律、法规、制度的行为；有权检举违章指挥、违章作业者；有权反映作业现场安全管理情况和不安全因素。检举可以署名，也可以不署名；可以采用书面形式，也可以采用口头形式。但是，职工在行使这一权利时，应注意检举和控告的情况必须真实，要实事求是。用人单位不得因职工行使上述权利而对其进行打击、报复，包括不得因此而降低其工资、福利待遇或者解除与其订立的劳动合同。在进行安全生产监督检查时，如果受到打击报复和迫害，职工有权向上级或政府有关部门、工会组织投诉和控告；有权对忽视安全、玩忽职守造成事故的责任者进行检举；有权对隐瞒事故的单位和责任者提出控告。

11. 索取本人职业健康档案权

从业人员离开煤矿企业时，有权索取本人职业健康监护档案复印件，煤矿企业必须如实、无偿提供，并在所提供的复印件上签章。

想一想：小王和某矿业公司签订了劳动合同，劳动合同中没有注明工作岗位存在的危险因素，公司没有对小王进行安全培训，没有进行职业健康检查，未办理工伤保险，也未配备劳动防护用品，就安排小王下井工作，请问该矿业公司侵犯了小王的哪些权利？小王该如何维护自己的权利？

第二节　职工的义务

安全提示：义务是我们必须要履行的，履行这些义务既是企业安全发展的需要，也是保障职工自身安全的需要。

1. 遵守安全生产规章制度和操作规程的义务

职工不仅要严格遵守安全生产有关法律法规，还应当遵守用人单位的安全生产规章制度和操作规程，这是职工在安全生产方面的一项法定义务。职工必须增强法纪观念，自觉遵章守纪，从维护国家利益、集体利益以及自身利益出发，把遵章守纪、按章操作落实到具体的工作中。

2. 服从安全生产管理的义务

服从煤矿安全检查、安全监察管理；自觉服从安全监督部门、安全监察部门的指挥，自觉配合安全监察人员的工作，协助他们执行公务，并提供真实信息和有关资料。

用人单位的安全生产管理人员一般具有较多的安全生产知识和较丰富的经验，职工服从管理，可以保持生产经营活动的良好秩序，有效地避免、减少生产安全事故的发生。因此，职工应当服从管理，这也是职工在安全生产方面的一项法定义务。当然，职工对于违章指挥、强令冒险作业的行为，有权拒绝。

3．正确佩戴和使用劳动防护用品的义务

劳动防护用品是保护职工在劳动过程中安全与健康的一种防御性装备，不同的劳动防护用品有其特定的佩戴和使用规则、方法，只有正确佩戴和使用，方能真正起到防护作用。用人单位在为职工提供符合国家或行业标准的劳动防护用品后，职工有义务正确佩戴和使用劳动防护用品。

4. 发现事故隐患及时报告并参加抢险救灾的义务

职工发现事故隐患和不安全因素后，应及时向现场安全生产管理人员或本单位负责人报告，接到报告的人员应当及时予以处理。一般来说，职工报告得越早，接受报告的人员处理得越早，事故隐患和其他职业危险因素可能造成的危害就越小。煤矿发生事故后，职工应积极参加事故抢险救灾，不能以任何借口逃避事故抢险救灾工作。

5. 接受安全生产培训教育的义务

职工应依法接受安全生产的教育和培训，掌握所从事岗位工作所需的安全生产知识，提高安全生产技能,增强事故预防和应急处理能力。特殊性工种作业人员和有关法律法规规定须持证上岗的作业人员,必须经培训考核合格后,依法取得相应的资格证书或合格证书,方可上岗作业。

6. 改善工作环境和爱护生产设施、设备的义务

在工作中,积极参加技术革新活动,提出合理化建议,不断改善劳动条件和工作环境。

煤矿企业的生产设备及安全生产设施是安全生产的保证,要自觉维护其正常运转和安全使用,使其发挥保障安全生产的作用。

延伸阅读:职工除了要掌握相应的权利、义务,学习安全知识、操作技能外,还要加强法律法规的学习,做到知法守法,并不断增强自身法制意识和法律观念,正确地行使和履行安全生产法定权利和义务,合理地运用法律手段,保护自身的合法权益和生命健康安全,主动规范自身的各种作业行为,正确认识和处理“三违”现象,做到按章操作、遵章作业。请用手机微信扫码观看安全生产法律法规知识。

安全生产法律法规

第三节 煤矿安全培训与岗位准入十问

安全提示：煤矿职工井下工作非常辛苦，而下井前或者上井后又得参加煤矿企业组织的各种培训，因此很多职工对此不理解甚至抵触。煤矿井下工作环境复杂，水、火、瓦斯等各种灾害多，如果职工不通过培训掌握必备的安全技能，就很容易导致事故或受到伤害。此外，矿井发生事故，轻则职工会被扣安全奖金，重则所在矿井会被停产整顿，严重影响了职工的收入。因此，为了切实保障煤矿职工的健康和安全，国家相关的法律法规规定，煤矿职工不仅要参加上岗前的培训，取得相应的安全操作证书或安全培训合格证(明)后方能持证上岗，而且每年还要参加再培训。

第一问：煤矿职工为什么一定要参加安全培训？

答：一是因为参加安全培训是法律赋予每一名职工的权利和义务，不按规定参加安全培训就是违法，需要承担相应的法律责任，甚至可能会受到法律的惩处。

二是因为工作的煤矿井下现场存在着各种各样的自然灾害、事故隐患和安全风险等，只有参加培训才能系统、全面地学习和掌握相关安全知识和技能，促进事故防范和学会避灾逃生。

三是因为只有按规定参加培训，经考核合格，并取得相应的安全操作证书或安全培训合格证(明)后，才能具备相应的上岗作业资格。

四是因为安全培训是广大职工一项特殊的福利和待遇，常说“一人培训、三代受益”“一次培训、终身受益”。所以，安全培训既事关职工的生命安全，又和职业安全发展息息相关，任何人都没有理由不参加培训。

五是因为通过参加安全培训，职工可以及时了解安全生产新知识、企业安全文化动态和规章制度更新变化，以及职业道德和企业安全发展新目标、新任务等内容，有助于更好、更安全地做好本职工作。

第二问：煤矿安全培训的主要法律依据是什么？

答：对煤矿企业来说，安全培训相关的法律依据主要有以下两个：

一是《安全生产法》第二十八条第一款规定：生产经营单位应当对从业人员进行安全生产教育和培训，保证从业人员具备必要的安全生产知识，熟悉有关的安全生产规章制度和安全操作规程，掌握本岗位的安全操作技能，了解事故应急处理措施，知悉自身在安全生产方面的权利和义务。未经安全生产教育和培训合格的从业人员，不得上岗作业。

二是《煤矿安全培训规定》(国家安全生产监督管理总局令第 92 号)第四条第一款规定：煤矿企业是安全培训的责任主体，应当依法对从业人员进行安全生产教育和培训，提高从业人员的安全生产意识和能力。

除了以上两方面的依据外，《矿山安全法》、《劳动法》、职业健康安全法规以及国务院部门规章等，对安全培训也有相关的具体规定和要求。

第三问：职工日常安全教育培训有什么特点？一般要学习哪些内容？

答：职工日常安全教育培训是职工所在区队利用业余时间（班前、班后会）开展的短期自主培训，一般是全员参加，是职工全脱产培训的补充。讲课人员主要是区队主要领导和技术人员等。实践中，很多煤矿企业是通过“三个一”活动（一日一题、一周一案、一月一考）来开展的。按照“按需施教、学以致用”的原则，其学习内容大概有以下五个方面：

① 本单位安全生产规章制度和劳动纪律。

② 本单位生产工作面作业规程和技术措施。

③ 本单位生产设备、设施和作业环境基本情况。

④ 本单位生产现场避灾路线和避灾设施。

⑤ 企业安全文化、职业道德宣传、事故通报和形势任务教育等。

第四问:怎样理解"持证上岗"规定?落实这项规定时要注意什么?

答:"持证上岗"是安全培训的一项重要制度。在安全生产实践中,主要指煤矿特种作业人员和其他从业人员经专门的安全培训和考核合格后,取得特种作业操作证书或其他从业人员培训合格证明,上岗作业时,要求做到随身携带,并配合对其证书的检查。

落实上述规定时,相关人员应注意以下几点:

第一,证书应载明持证人姓名、证书编号、持证人近期照片、操作工种、证书有效时间等。

第二,如果携过期证书上岗,一般会按照无证上岗处罚。

第三,持证上岗制度要求现场做到"人证相符"和"岗证相符"(有的省、市要求每位特种作业人员持证不能超过两个)。

第四,相关持证人员一定要在证书有效期内,至少提前60日主动参加证书复审培训或向单位申请去参加证书复审培训。另外,连续离开岗位6个月以上的特种作业人员需要重新进行专门的考核方可持证上岗。

最后要切记:证书不能转借、不能涂改,更不能持假证或别人的证书上岗。

第五问:企业应用新工艺、新技术、新材料、新设备前为什么必须对相关从业人员进行安全培训?

答:首先,企业应用新工艺、新技术、新材料、新设备(简称"四新")前对相关从业人员进行安全培训是相关法规要求的,必须规范组织。

其次,"四新"项目的推广应用本身都有相关培训安排,使用单位应对照要求及时组织人员参加,这样才能有效保证"四新"项目的有效实施。

最后,在煤矿井下这个特殊的作业环境中,"四新"的应用必然会产生很多新的安全知识点,包括设备、设施和工具等,作为具体应用人员必须了解和掌握。

综上所述,企业应用新工艺、新技术、新材料、新设备前对相关从业人员进行安全培训既重要又必要。

第六问：职工参加安全资格培训，一般需要多长时间？

答：如果是特种作业人员，参加初次安全培训的时间不得少于 90 学时，实践中一般是脱产培训 12 天；参加延期换证专门培训不少于 24 学时，实践中一般是脱产培训 3 天。如果是其他从业人员（包括新入职职工），参加初次安全培训的时间不得少于 72 学时，实践中一般是脱产培训 9 天，每年再培训的时间不得少于 20 学时，实践中一般是脱产培训 3 天。

第七问：煤矿职工安全培训的权利具体体现在哪些方面？

答：参加安全培训既是煤矿职工的权利，也是一项义务。这项权利具体体现在：

① 单位没有安排参加相关培训，有权拒绝入井工作；

② 只要按照规定完成培训任务，有权取得培训期间的正常工资和其他待遇；

③ 有权报销培训期间发生的各种费用；

④ 有权拒绝配合单位或培训机构在各种假培训记录上签字；

⑤ 有权查询和取得自己相关培训信息及证书；

⑥ 有权向有关部门反映乱培训、假培训等违规培训情况等。

第八问：煤矿职工安全培训的义务具体体现在哪些方面？

答：参加安全培训既是煤矿职工的权利，也是一项义务。这项义务具体体现在：

① 有义务按照单位通知要求，准时报到参加培训；

② 有义务遵守各项培训及考试管理制度；

③ 有义务在规定时间内提交符合要求的各种办证资料；

④ 有义务配合企业和培训部门建立相关培训档案；

⑤ 有义务做到先培训、后上岗和持证上岗；

⑥ 有义务妥善保管各种安全培训证书等。

第九问:上级部门到井下现场检查安全培训,一般会怎样检查?职工应该注意什么?

答:上级部门到现场检查安全培训情况,通常会采取查证和抽考两种形式。查证要求现场(岗位)人员全部做到持证上岗,并且是岗证相符、人证相符,同时,还要上井对照相关人员培训档案核验其证书信息是否造假等;抽考则安排被抽考人员对照相关安全培训题库或基本安全知识和机器、设备操作技能进行现场测试,以查验相关人员持续掌握安全生产知识和能力是否达标。

职工对于这样的检查一定要有一个正确的态度,要积极配合,不能故意躲避,更不能逃跑。另外,要保持平静的心态应对现场抽考,平时要注意经常复习,不断巩固岗位基本安全知识,包括规程、措施等与自身工作相关的内容。相关题库也要经常复习记忆,做到常态化备考、应考。本人证书要妥善保管,基本信息要掌握。丢失或损坏的证书要及时申请补办,该复审的一定要提前 60 日申请复审,不能将自己的证书借给他人,有问题要做到及时向区队报告等。

第十问:煤矿从业人员无证上岗作业会受到什么样的处罚?

答:煤矿从业人员无证上岗是典型的“三违”行为。依照《安全生产法》第一百零七条的规定，生产经营单位的从业人员不落实岗位安全责任，不服从管理，违反安全生产规章制度或者操作规程的，由生产经营单位给予批评教育，依照有关规章制度给予处分;构成犯罪的，依照刑法有关规定追究刑事责任。

第二章　入井常识

第一节　入井须知

一、入井前的准备

安全提示：井下工作存在很多危险因素，如果不符合条件就下井，很容易导致伤害，因此我们要认真学习掌握入井前的准备工作。

请用手机微信扫码观看学习视频，然后完成学习任务卡。

入井前的准备

学习任务卡

你是否已经掌握了以下知识或技能(掌握的打√,没掌握的打×)?

1. 没有禁止从事井下工作的疾病。

2. 已参加过培训,并考核合格;特种作业人员已经取得操作资格证书。

3. 已经了解本矿井基本情况、存在的各种灾害。

4. 每次都能认真参加班前会,并通过班前会了解工作任务和存在的风险。

5. 已经熟知下井需要携带的装备及其使用操作注意事项。

6. 已经熟知严禁入井的行为。

如果你已经掌握了以上知识和技能,请务必在工作中严格遵照执行;没有掌握的请务必加强学习。

二、入井安全注意事项

安全提示：煤矿是高危生产企业，为了保证自己和他人的安全，煤矿职工除了掌握相关专业技能外，还必须熟悉一些安全注意事项。

入井安全注意事项

请用手机微信扫码观看学习视频，然后完成学习任务卡。

学习任务卡

你是否已经掌握了以下知识或技能（掌握的打√，没掌握的打×）？

1. 已经熟知安全出口、路标和避灾路线。

2. 已经熟知井下巷道情况，并知道哪些巷道或硐室严禁进入。

3. 已经熟知井下常用的信号，并听从信号指挥。

4. 已经熟知矿山安全标志。

5. 已经熟知在井下严禁拆开、敲打矿灯，必须用铜锤、铜斧打击作业。

6. 已经熟知材料管理的规定。

7. 已经熟知机电设备、井下防爆电气设备、电缆等的操作管理规定。

8. 已经熟知井下焊接的操作要求。

9. 已经熟知井下瓦斯检查和灾害情况下停止作业、撤出的规定。

10. 已学会熟练使用劳动保护用品。

11. 掌握了井下交接班的要求。

如果你已经掌握了以上知识和技能，请务必在工作中严格遵照执行；没有掌握的请务必加强学习。

三、乘坐罐笼的安全注意事项

安全提示：立井开拓的煤矿，人员出入井一般都是乘坐罐笼，因此必须熟悉乘坐罐笼的安全注意事项。

请用手机微信扫码观看学习视频，然后完成学习任务卡。

乘坐罐笼的
安全注意事项

学习任务卡

你是否已经掌握了以下知识或技能（掌握的打√，没掌握的打×）？

1. 在井口检身后才能乘罐入井，自己要提前检查有没有带违禁物品下井。

2. 熟悉并严格遵守乘罐制度，服从指挥，罐笼停稳后再上下。

3. 人员进入罐笼后，必须关好罐笼防护链、井口门后，才能发出开车信号。

4. 罐笼未停稳，不得争抢上下。

5. 严禁与携带爆破材料的人员同罐上下。

6. 严禁乘坐装有设备、材料的单层罐笼；双层或多层罐笼，人员和物料要分层运送。

7. 进入罐笼后不准打闹，不准取下安全帽，手要握紧扶手。

8. 身体的任何部位和随身携带的工具、物品不准露出罐外。

9. 严禁向井筒内抛扔任何物品。

如果你已经掌握了以上知识和技能，请务必在工作中严格遵照执行；没有掌握的请务必加强学习。

四、乘坐人车的安全注意事项

请用手机微信扫码观看学习视频，然后完成学习任务卡。

乘坐人车的
安全注意事项

学习任务卡

你是否已经掌握了以下知识或技能(掌握的打√,没掌握的打×)?

1. 在井口检身后才能乘车入井,自己要提前检查有没有带违禁物品下井。

2. 必须乘坐专门运送人员的人车,严禁乘坐其他车辆。

3. 熟悉并严格遵守乘车制度,服从指挥。

4. 不得超员挤坐,不准挤进司机室,不准坐跟车工的座位。

5. 车停稳后才能依次上下车。

6. 严禁搭飞车,严禁在列车行驶时扒在车尾、蹬在车连接处、挤在车头处或者翻越车辆。

7. 人员乘车后,要挂好安全链,不准打闹或睡觉,不准脱下安全帽,矿灯要戴在头上,不准拿在手中。

8. 身体的任何部位和随身携带的工具、物品不准露出车外。

9. 严禁与携带爆破材料的人员同车入井。

10. 严禁乘坐装有设备、材料的车辆。

11. 知道行车异常时的处置措施,上下车时注意观察,保证安全。

如果你已经掌握了以上知识和技能,请务必在工作中严格遵照执行;没有掌握的请务必加强学习。

五、乘坐架空人车的安全注意事项

请用手机微信扫码观看学习视频,然后完成

学习任务卡。

乘坐架空人车的
安全注意事项

学习任务卡

你是否已经掌握了以下知识或技能(掌握的打√,没掌握的打×)?

1. 在井口检身后才能乘车入井,自己要提前检查有没有带违禁物品下井。

2. 熟悉并严格遵守乘车制度,依次排队乘坐。

3. 严禁乘坐变形、开焊、磨损超限和部件短缺,有卡带现象的吊椅。

4. 必须在规定地点上下车,运行途中不

得随意上下车或行走。

5. 除随身工具外，不得运送其他物品。

6. 不准携带超长、超重的工具或材料乘车，工具或材料必须顺着前进方向放于运行方向的右侧，严禁拖地运行。

7. 乘坐过程中观察前方情况，发现异常及时汇报。

8. 不准脱下安全帽，矿灯要戴在头上，不准拿在手中。

9. 严禁打闹、睡觉，严禁用手、脚推蹬巷道内其他固定或非固定物体。

10. 掌握乘车标准姿势，严禁用手触摸钢丝绳和绳轮。

11. 严禁运送除雷管之外的任何爆炸物品，熟悉雷管运送的管理制度。

12. 熟知意外情况时的处置措施。

如果你已经掌握了以上知识和技能，请务必在工作中严格遵照执行；没有掌握的请务必加强学习。

六、井下行走的安全注意事项

安全提示：从入井到各个作业地点的条件错综复杂，因此井下行走一定要严格执行相关规定，时刻注意安全。

井下行走的
安全注意事项

请用手机微信扫码观看学习视频，然后完成学习任务卡。

学习任务卡

你是否已经掌握了以下知识或技能（掌握的打√，没掌握的打×）？

1. 熟悉井下常见信号，能正确识别和使用。

2. 熟悉出入井路线。

3. 不得从立井和斜巷井底穿过，必须从专门设置的绕行道通行。

4. 行走时要走人行道，不得在轨道中间行走。发现车辆靠近，且人行道宽度不够时，要就近进入躲避硐室或宽阔处躲避。

5. 严禁攀扶电缆，以防触电伤人。

6. 长件工具要拿在手中，注意避免碰伤他人和触及架空线。

7. 携带锋利的工具，刃口要朝着前进方向，与同行人员保持一定距离。

8. 不得随意横穿电机车轨道、绞车道，在通过弯道及交叉口时，做到“一停、二看、三通过”。

9. 在既提升又兼行人的轨道上山行走时，严格遵守“行车不行人，行人不行车”的规定，并经把钩工的允许方可通行。

10. 严禁双腿骑钢丝绳行走，在绞车道行走时要先停车后行人。

11. 溜煤眼和下料眼内不准行人，不准在溜煤眼放煤口和下料眼下口处停留。

12. 不准在带式输送机和刮板输送机上

行走，横过带式输送机时要走专门设置的过桥。

13. 严禁进入挂有危险警告牌或不通风的巷道。

14. 注意支护情况，避开支护不牢固的地点。

如果你已经掌握了以上知识和技能，请务必在工作中严格遵照执行；没有掌握的请务必加强学习。

车辆运行时人员不准在斜巷内行走

第二节　煤矿井下安全设施

煤矿井下安全设施是确保井下工作安全的必要设施，主要包括提升运输安全设施、通风安全设施、防灭火安全设施、防爆安全设施、防尘安全设施、防水安全设施和防瓦斯安全设施等。

煤矿井下安全设施

安全提示：煤矿井下安全设施是保证矿井安全生产，保护职工生命安全的重要设施，每位职工都应当自觉爱护它、维护它，不可随意损坏。

第三节 煤矿安全警示标志

一、煤矿井上、下安全警示标志的概念

安全标志是指井上、下悬挂或张贴的图文标志，目的是迅速引起煤矿井上、下作业人员对现场不安全因素的警觉并采取相应的措施，预防事故的发生。

煤矿井上、下安全标志分为主标志和文字补充标志两类。主标志分为禁止标志、警告标志、指令标志，以及路标、名牌、提示标志。文字补充标志是主标志的文字说明或方向指示，它只能与主标志同时使用。文字补充标志基本形式是矩形边框，放在主标志下方，也可放在左方或右方。文字补充标志的底色应与联用的主标志底色相统一，其文字的颜色，除警告标志用黑色外，其他标志均为白色。

煤矿井上、下安全标志牌位置应设在与安全有关的明显的地方，并保证人们有足够的时间注意它所表示的内容。

煤矿井上、下安全标志牌位置应定期清洗，每季至少检查一次。如有变形、损坏、变色、图形符号脱落、亮度老化等现象应及时修理或更换。

二、禁止标志

禁止标志是禁止或制止人们的某种行为的标志。禁止标志为白底、红圈、红斜杠、黑图形符号。

禁止标志

安全挑战：请根据二维码中的学习内容，在表 2-1“名称”栏中填入禁止标志对应的名称，不会的或填写错误的，请用红笔修改或做特殊标记，以便加强学习。

表 2-1　井下常用禁止标志及设置地点

图形符号	名称	设置地点
		煤矿井口及井下
		人员出入的井口
		禁止明火作业地点
		不允许启动的机电设备
		变电室、移动电源开关停电检修等

表 2-1(续)

图形符号	名称	设置地点
		井下运输大巷交叉口、乘车场、扒车事故多发地段
		井下巷道，每隔 50 m 设一个
		串车提升斜井上下口
		链板、带式输送机、钢丝绳牵引运输不许跨越的地方，间隔 30 m 设置
		井下敷有电缆、信号线等巷道内

表 2-1(续)

图形符号	名称	设置地点
		井下封闭区、瓦斯区、盲巷、废弃巷道及禁止人员入内的地点
		井下禁止停放车辆的地段
		线路终点和禁止机车驶入地段
		井下危险区、爆破警戒处、不兼作行人的绞车道、材料道及禁止行人的通道口等
		人员出入的井口

表 2-1(续)

图形符号	名称	设置地点
		井下采掘爆破工作面
		井下各工序岗位和作业区
		井下巷道风门处
		入井口、井下工作面

三、警告标志

警告标志是警告人们可能发生危险的标志。警告标志的基本形状为等边三角形,顶角朝上。

警告标志为黄底、黑边、黑图形符号。

安全挑战：请根据二维码中的学习内容，在表2-2“名称”栏中填入警告标志对应的名称，不会的或填写错误的，请用红笔修改或做特殊标记，以便加强学习。

警告标志

表2-2　井下常用警告标志及设置地点

图形符号	名称	设置地点
		提醒人们注意安全的场所及设备安置的地方
		井下瓦斯积聚地段、盲巷口、瓦斯抽放地点、巷道冒高处
		井下冒顶危险区、巷道维修地段

表 2-2(续)

图形符号	名称	设置地点
		井下仓库、爆炸材料库、油库、带式输送机、充电室和有发火预兆的地点
		井下有透水或水患地点
		井下煤(岩)与瓦斯突出危险作业区
		井下 CH_4、CO、H_2S、NO_x 等有害气体危险地点
		爆炸材料库,运送炸药、雷管的容器和设备上

表 2-2(续)

图形符号	名称	设置地点
		有触电危险部位
		建井施工、井筒维修及井内高空作业处
		井下溜煤眼、溜矿井、溜矿仓
		井下有冲击地压的作业区域
		井下有片帮、滑坡危险地段

表 2-2(续)

图形符号	名称	设置地点
		井下行人巷道与运输巷道交叉处、井下兼行人的倾斜运输巷道内
		井下地面有障碍物，绊倒易造成伤害的地方
		井下巷道有易造成伤害的滑跌地点
		井下巷道交叉口处
		井下巷道拐弯处
		井下巷道前方变窄的地段

四、指令标志

指令标志是指示人们必须遵守某种规定的标志。指令标志基本形状为圆形。指令标志为蓝底、白图形符号。

指令标志

安全挑战：请根据二维码中的学习内容，在表 2-3“名称”栏中填入安全标志对应的名称，不会的或填写错误的，请用红笔修改或做特殊标记，以便加强学习。

表 2-3 井下常用指令标志及设置地点

图形符号	名称	设置地点
		人员出入井口、更衣房、矿灯房等醒目地方
		入井口处、更衣室、领自救器房等醒目地方

表 2-3(续)

图形符号	名称	设置地点
		入井口处、更衣室、矿灯房等醒目地方
		井下变配电所（硐室）
		建井施工处、井筒检修地点
		井下打眼施工、炮烟区
		井下设有人行桥的地方

表 2-3(续)

图形符号	名称	设置地点
		井下人行道两端
		井下机车通过巷道交叉口、道岔口和弯道前 20～30 m 鸣笛处
		剧毒品、危险品库房等地点
		井口、配电室、炸药库等必须出示上岗证的地点

五、路标、名牌、提示标志

路标、名牌、提示标志是告诉人们目标、方向、地点的标志。路标、名牌、提示标志基本形状为长方形。路标、名牌、提示标志为绿底（红底或黄底）、白图案（黑图案）、白字或黑字。

路标、名牌、提示标志

安全挑战：请根据二维码中的学习内容，在表 2-4“名称”栏中填入安全标志对应的名称，不会的或填写错误的，请用红笔修改或做特殊标记，以便加强学习。

表 2-4　井下常用路标、名牌、提示标志及设置地点

图形符号	名称	设置地点
		设在井下采区安全出口路线上（间隔 100 m）和改变方向处
		井下通往电话的通道上

表 2-4（续）

图形符号	名称	设置地点
		井下通往躲避硐室的通道及躲避硐室入口处
		井下通往急救站通道上
		井下爆破警戒线处
		井下火灾、瓦斯、水患等危险区附近
		井下地表沉陷滑落区

表 2-4(续)

图形符号	名称	设置地点
		井下风门、交叉道口、弯道、车场、翻罐等须减速慢行地点
		井下进风巷道
		井下回风巷道
		井下运输巷道
		根据需要自行设置

表 2-4(续)

<table>
<tr><th>图形符号</th><th>名称</th><th>设置地点</th></tr>
<tr><td>
</td><td></td><td>自行设置</td></tr>
<tr><td>
</td><td></td><td>井下躲避火灾、瓦斯、煤尘爆炸的通道上</td></tr>
<tr><td>
</td><td></td><td>井下躲避水灾的通道上</td></tr>
<tr><td>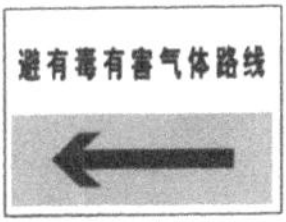
</td><td></td><td>井下躲避有毒有害气体路线的通道上</td></tr>
<tr><td>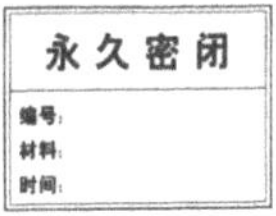
</td><td></td><td>井下废巷、盲巷入口处</td></tr>
</table>

表 2-4(续)

<table>
<tr><th>图形符号</th><th>名称</th><th>设置地点</th></tr>
<tr><td>
</td><td></td><td>井下掘进、采煤工作面等处</td></tr>
<tr><td>
</td><td></td><td>井下采、掘工作面等要求设置的地点</td></tr>
<tr><td>
</td><td></td><td>井下采、掘工作面等要求设置的地点</td></tr>
</table>

第三章 煤矿职业病防治

第一节 煤矿职业危害因素

煤矿生产中主要的职业危害因素有粉尘、有毒有害气体、噪声和振动、不良气候条件等。

一、粉尘

粉尘是煤矿的主要职业危害因素。煤矿生产中,采煤、掘进、支护、提升运输、巷道维修等生产环节均会产生粉尘,这些粉尘可能使从业人员患上尘肺病。

矿井粉尘的危害

二、有毒有害气体

由于井下爆破、煤氧化、煤层涌出等原因，矿井空气中含有甲烷（CH_4）、一氧化碳（CO）、二氧化碳（CO_2）、二氧化氮（NO_2）、硫化氢（H_2S）、二氧化硫（SO_2）、氨气（NH_3）等有毒有害气体，会导致职业中毒。

矿井空气

三、噪声和振动

煤矿噪声和振动主要来源于井下机械化生产，其危害取决于生产过程、生产工艺和所使用的工具，如风动凿岩机和局部通风机的噪声和振动等。长期在噪声下工作，可能造成听力下降，甚至引起耳聋；长期接触振动，可能导致局部疼痛，甚至引起内脏器官损伤。

四、不良气候条件

煤矿井下的不良气候条件有气温高、湿度大、不同地点风速大小不等和温差大等。长期在潮湿环境下工作的人员易患风湿性关节炎等。

此外，劳动强度大、作业姿势不良也是煤矿井下工作的特点，易造成井下从业人员腰腿疼和各种外伤。

第二节　煤矿常见职业病

一、尘肺病

尘肺病是由于在煤炭生产活动中长期吸入煤尘、岩尘并在肺内滞留而引起的以肺组织弥漫性纤维化为主的全身性疾病，它是我国煤炭行业累计患病人数、每年发病人数最多，对煤矿职工身体健康危害最大的职业病。

尘肺病在发病初期无任何症状，人体没有任何感觉，通常在15～20年后出现症状。根据尘肺病的发展进程，通常将尘肺病分为以下三期：

尘肺病

第一期：重体力劳动时呼吸困难、胸痛、轻度干咳。

第二期：中等体力劳动或正常工作时，感觉呼吸困难、胸痛、干咳或带痰咳嗽。

第三期：从事一般工作甚至休息时，也感到呼吸困难、胸痛、连续带痰咳嗽，甚至咯血和行动困难。

二、职业性噪声聋

职业性噪声聋是由于在职业活动中长期接触高噪声而发生的一种进行性的听觉损伤。早期会出现听力下降，继续长期接触，听力损失不能完全恢复，由功能性改变发展为器质性退行性病变。

三、中暑

中暑是职工在高温环境中因高气温作用于人体，超过人体的适应力，而引起的大量出汗、口渴、头痛、发烧和全身无力，甚至突然昏倒或高烧昏迷的现象。

第三节　煤矿职业危害因素防治措施

煤矿职业危害因素的防治，坚持“预防为主、防治结合”的方针，遵循三级预防的原则。第一级预防是使劳动者尽可能不接触职业危害因素，即使在职业危害不可避免的情况下，采取措施降低生产环境中职业危害因素浓度或强度，使之达到国家职业卫生标准；第二级预防是通过早期发现职业危害，并及时处理，防止进一步发展；第三级预防是对已患职业病者，及时做出诊断和进行恰当的治疗，防止恶化和发生并发症，促进康复。

一、粉尘的防治

煤矿粉尘主要是煤尘、岩尘和水泥尘。煤尘进入人肺使人患煤肺病，岩尘进入人肺使人患矽肺病，水泥尘进入人肺使人患水泥肺病，通称为尘肺病。

《煤矿安全规程》规定，作业场所空气中粉尘（总粉尘、呼吸性粉尘）浓度应当符合表 3-1 的要求。不符合要求的，应当采取有效措施。

表 3-1　作业场所粉尘浓度要求

粉尘种类	游离 SiO_2 含量 /%	时间加权平均容许浓度 /(mg/m³)	
		总粉尘	呼吸性粉尘
煤尘	<10	4	2.5
矽尘	10～50	1	0.7
	50～80	0.7	0.3
	≥80	0.5	0.2
水泥尘	<10	4	1.5

注：时间加权平均容许浓度是以时间加权数规定的 8 h 工作日、40 h 工作周的平均容许接触浓度。

矿井粉尘
防治措施

二、有毒有害气体的防治

有毒有害气体的防治措施有：

(1) 消除有毒有害气体。煤矿井下的有毒气体主要来源于炮烟和煤氧化、火灾等。因为很多有毒气体是易溶于水的，通过加强通风、喷雾洒水排除和降低有毒气体含量，净化空气，是消除毒物危害的最根本、最有效的措施。

(2) 加强个人防护。炮烟未散去或作业现场空气质量太差时，作业人员不要急着进入工作面，待炮烟散尽、现场空气质量好转时再进入工作面，还应用好防护服、防护面具、防尘口罩、自救器等。

(3) 提高机体抵抗能力。对于在有害物质场所作业的人员，给予必要的保健待遇，加强营养和锻炼。

(4) 加强对有害物质的监测，掌握其浓度含量，做到心中有数，控制其危害程度。

(5) 对受到危害的人员及时进行健康检查。必要时实行转岗、换岗作业。

(6) 加强有害物质及预防措施的宣传教育。

建立健全安全生产责任制、卫生责任制和岗位安全责任制。

三、生产性噪声的防护

噪声危害损害听觉，引起各种病症，甚至引发事故。

预防噪声危害的措施有：

(1) 控制噪声传播。隔声：用吸声材料、吸声结构和隔声装置将噪声源封闭，防止噪声传播。消声：用吸声材料铺装室内墙壁或悬挂于室内空间，可以吸收辐射和反射声能，降低传播中噪声的强度水平。

(2) 采用合理的防护措施。利用耳塞防护。合适的耳塞隔声效果可达 30～40 dB(A)，对高频噪声的阻隔效果较好。

(3) 合理安排劳动制度。工作时间穿插休息时间，休息时间离开噪声环境，限制噪声工作时间，可减轻噪声对人体的危害。

(4) 卫生保健措施。对受到噪声危害的人员定期体检，听力下降者及时治疗，重者调离噪声作业岗位。就业前体检或定期体检中发现的听觉器官疾病、心血管病、神经系统器质性疾病者，不得从事噪声环境下的工作。

四、生产性振动的防护

生产过程中，按振动作用于人体的方式可将其分为局部振动和全身振动。局部振动是最常见的和危害较大的振动。

振动危害的预防措施：

(1) 对局部振动的减振措施。改革工艺和设备，改革工作制度。合理使用减振用品，建立合理的劳动制度，限制作业人员接触振动的时间。煤矿井下的振动危害主要来自风动凿岩机、综采综掘机械及其他机械。

(2) 对全身振动的减振措施。在有可能产生较大振动设备的周围设置隔离地沟，衬以橡胶、软木等减振材料，以确保振动不能外传。对振动源采取减振措施，如用弹簧等减振阻尼器，减少振动的传递距离。井下采煤机、掘进机、柴油车等座椅下加泡沫垫等，减弱运行中由于各种原因传来的振动。另外，利用尼龙件代替金属件，可减少机器的振动，及时检修设备，可以防止因零件松动引起的振动。

五、高温作业的防护

高温作业对人体的循环系统、消化系统、泌尿系统、神经系统等都有危害。

高温作业的防护措施：

(1) 通风降温。加大风速排除热量。风速与温度有一定的关系，合适的风速可使温度降到一定的程度。

(2) 喷雾洒水降温。在工作面喷雾洒水既可以降温又可以降尘。

(3) 保健防护。供给含盐饮料，以补充人体所需水分和盐分。

(4) 发放保健食品。高温环境下作业，人体能量消耗快，应增加蛋白质、热量、维生素等的摄入，以减轻疲劳，提高工作效率。

(5) 个人防护。给工作人员提供结实、耐热、宽大、便于操作的工作服、工作帽、防护眼镜、隔热面具、隔热靴等。

(6) 医疗防护。对在高温条件下作业的人员进行就业前体检，凡有心血管系统疾病、高血压、溃疡病、肺气肿、肝病、肾病等疾病不宜从事高温作业的人员不安排从事高温作业或调离高温作业岗位。

第四节　煤矿劳动防护用品的配备

劳动防护用品是由用人单位提供的，保障劳动者安全与健康的辅助性、预防性措施，不得以劳动防护用品替代工程防护设施和其他技术、管理措施。

(1) 接触粉尘和有毒、有害物质的劳动者应当根据不同粉尘种类、粉尘浓度和游离二氧化硅含量及毒物的种类和浓度配备相应的呼吸器、防护服、防护手套和防护鞋等。

(2) 接触噪声的劳动者，用人单位应当根据劳动者需求为其配备适用的护听器。

(3) 工作场所中存在电离辐射危害的，经危害评价确认劳动者需佩戴劳动防护用品的，用人单位可为劳动者配备劳动防护用品。

(4) 从事存在物体坠落、碎屑飞溅、转动机械和锋利器具等作业的劳动者,用人单位可为劳动者配备适用的劳动防护用品。

(5) 同一工作地点存在不同种类的危险、有害因素的,应当为劳动者同时提供防御各类危害的劳动防护用品。需要同时配备的劳动防护用品,还应考虑其可兼容性。劳动者在不同地点工作,并接触不同的危险、有害因素,或接触不同危害程度的有害因素的,为其选配的劳动防护用品应满足不同工作地点的防护需求。

(6) 劳动防护用品的选择还应当考虑其佩戴的合适性和基本舒适性,根据个人特点和需求选择适合型号、式样。

(7) 用人单位应当在可能发生急性职业损伤的有毒、有害工作场所配备应急劳动防护用品,放置于现场邻近位置并有醒目标识。用人单位应当为巡检等流动性作业的劳动者配备随身携带的个人应急防护用品。

第四章　常见“三违”行为及其危害

第一节　煤矿“三违”行为概述

一、“三违”的概念

“三违”是违章指挥、违章作业、违反劳动纪律等三种现象的简称。

（1）违章指挥

违章指挥是指违反国家的安全生产方针、政策、法律、条例、规程、标准、制度及生产经营单位的规章制度和技术方案的指挥行为。

（2）违章作业

违章作业是指在劳动过程中违反国家法律法规和生产经营单位制定的各项规章制度（包括工艺技术、生产操作、劳动保护、安全管理等方面的规程、规则、章程、条例、办法和制度等，以及有关安全生产的通知、决定）的行为。

（3）违反劳动纪律

违反劳动纪律是指在劳动生产过程中，违反为维护生产秩序而制定的、要求每个员工遵守的规章制度的行为。劳动纪律是多方面的，它包括组织纪律、工作纪律、技术纪律以及相关规章制度等。

二、“三违”的危害

“三违”可能会对自身或他人生命造成伤害，一旦酿成事故会给自身、亲人、朋友带来生活上的困难和感情上的痛苦。“三违”现象已成为严重威胁职工生命安全健康，影响企业形象和制约企业安全发展的顽症。“三违”实质上是一种违反安全生产客观规律的盲目行为，事故与“三违”有着直接或间接联系。部分煤矿工人还存在安全意识不强、法规观念淡薄的情况，“三违”现象屡禁不绝，时有出现，严重地威胁了矿井的正常生产和矿工的生命安全健康，其影响极坏、危害极大。因此，对“三违”的现象和行为绝不能宽恕、忽视。我们只有坚决与“三违”作斗争，坚决反“三违”，才能确保矿井的安全生产。

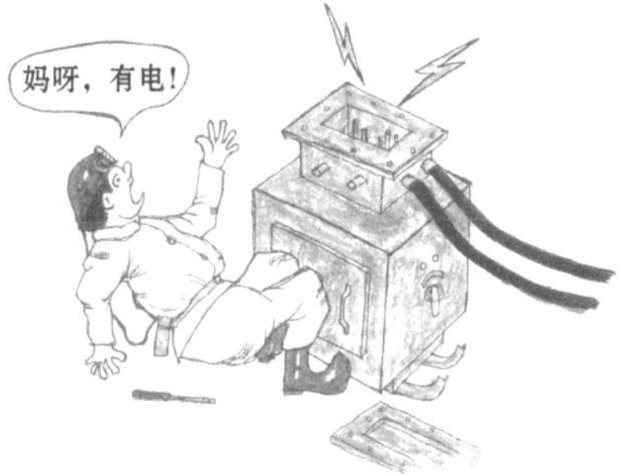

违章检修，发生触电

三、"三违"常见的表现形式

(1) 常见的违章指挥行为

不按照安全生产责任制有关本职工作规定履行职责；不按规定对员工进行安全教育培训；强令员工冒险违章作业；不按照规定审查、批准技术方案和安全措施；不认真执行企业发布的管理程序；新建、改建、扩建项目不执行"三同时"的规定，不履行审批手续；对已发现的事故隐患，不及时采取措施，放任自流等。

(2) 常见的违章作业行为

不按规定正确佩戴和使用劳动防护用品；发

现设备或安全防护装置缺损，继续操作；不执行规定的安全防范措施，对违章指挥盲目服从，不加抵制；违反规程或安全技术措施作业；不按操作规程、工艺要求操作设备；忽视安全、忽视警告，冒险进入危险区域等。

（3）常见违反劳动纪律的表现

迟到、早退、擅离职守；工作时间干私活、办私事；上班注意力不集中、消极怠工；工作中不服从分配、不听从指挥；无理取闹、纠缠领导、影响正常工作；私自动用他人工具、设备；不遵守各项规章制度，违反工艺流程和操作规程等。

四、“三违”现象产生的主观原因

“三违”现象产生的原因有：人员安全意识不强，安全作业综合素质不高；不懂规章或规章懂得太少；存在侥幸、麻痹、自满、马虎、凑合、逆反、应付、从众等多种主要心理，认为违章不会造成事故；认为规章太烦琐，操作费力费时，抢功图快；个人所受安全教育少、安全作业技能水平较低；作业环境差、劳动强度大、易疲劳，导致习惯性违章；情绪不良，操作失误；认知水平低等。

五、提升安全意识，杜绝“三违”

（1）“三违”的外在表现是行为，根子在思想和意识。所以从思想和意识深处着手才是根治“三违”的治本之策。根治“三违”的关键，就是要使“三违”人员的安全思想和意识认识到位。要以人为本，在关心人、尊重人、保护人上多想办法，多做工作，引导职工不断增强安全意识，规范自身行为，进而成为“想安全、会安全、能安全”的安全人。帮助职工树立正确的安全生产思想观念，提高其安全生产意识，促使职工能够自觉安全生产。

（2）对“三违”职工的安全教育方法多种多样，应坚持以人为本。针对“三违”职工的不同违章心理，分析其“三违”产生的直接原因及深层次原因，及时疏导和消除其违章心理，对职工的教育要动之以情，晓之以理，导之以行。加大安全教育力度，特别是加大对“三违”职工的培训力度，提高其安全知识水平和安全操作技能。只有让职工充分认识到“三违”的严重后果，才能切实增强其安全意识，提高其安全技能，杜绝“三违”现象。

(3) 严格安全管理，自觉规范行为。特别对现场安全管理，加大力度，严格执行各项规章制度，把遵章守纪、按章作业转化为员工的自觉行动。加强区队、班组管理，加强班组建设，提高区队队干和班组长的安全责任心，落实好各级人员安全生产责任制。开展班组安全联保互保，营造人人争当安全人的浓厚氛围，实现企业的安全生产。

第二节 煤矿常见公共“三违”行为

学习任务卡

工人师傅们，请你对照以下所列“三违”行为进行自评，如你知晓并已杜绝该“三违”行为请打√；如你不知晓或曾经犯过该“三违”行为请打×。如存在打×的“三违”行为，请务必进行重点学习和防治。

一、常见公共严重“三违”行为

（1）酒后入井。

（2）携带烟酒、点火物品入井（有措施烧焊作业除外）。

（3）无设计、无措施安排施工。

（4）责令停止生产的工作面仍继续生产。

（5）特种作业人员班中脱岗或睡觉。

班中睡觉，违反劳动纪律

（6）因工作原因对安监员、爆破工、防突工、防爆检查工等进行打击报复。

（7）人为损坏“一通三防”、机电运输等安全生产设施。

(8) 擅自进入盲巷、注氮工作面上(下)隅角或栅栏内。

(9) 扒、蹬、跳车。

(10) 干部发现违章不制止或带头违章。

(11) 现场隐患不整改,继续作业。

(12) 不按规定使用炮泥和水炮泥,工作面当班装药后不进行爆破。

(13) 工作面放明炮或放糊炮,未按规定处理残瞎炮,在旧眼、残眼中打眼。未按设计规定设置爆破警戒。

(14) 爆破母线不及时收起,不短接,爆破线长度不够,爆破线有破口或接头继续使用。

(15) 雷管脚线不吊挂、不避开导体,擅自剪用雷管脚线造成雷管报废。雷管脚线未按规定扭结成短路,雷管与导电体接触。

(16) 不按规定制作、装配引药。

(17) 火工品乱扔乱放,爆破材料箱未放置在警戒线以外,距机械和电气设备安全距离不足。

(18) 剩余火工品及背运的火工品箱当班未

返库。

(19) 不执行“一炮三检”和“三人联锁爆破”制度。

二、公共习惯性“三违”行为

(1) 不随身携带自救器或穿戴化纤衣物入井，下井携带手机或其他电子物品（防爆仪器除外）。

(2) 井下作业人员不佩戴劳动保护用品。

(3) 拒不执行入井检身制度。

(4) 违规乘车、罐笼、缆车等，携带超长超重物件乘坐人车、缆车等。

(5) 违规走绞车道。

(6) 违规乘坐电机车机头。

(7) 敲帮问顶不使用专用工具。

(8) 用过的棉纱、布头不用铁桶盛装，乱扔乱放。

(9) 生产工作面图纸未按规定及时对单帮、迎头、施工进展进行描述。

第三节 采掘专业常见“三违”行为

学习任务卡

工人师傅们，请你对照以下所列“三违”行为进行自评，如你知晓并已杜绝该“三违”行为请打√；如你不知晓或曾经犯过该“三违”行为请打×。如存在打×的“三违”行为，请务必进行重点学习和防治。

一、采掘专业严重“三违”行为

（1）工作面承载单体支柱未按规定采取防倒措施或穿鞋。

（2）工作面端头或上下两巷有连续3根失效（缺失）在用单体支柱，没有进行处理；每根棚梁柱子少于3根。

（3）工作面及两巷超前联网质量差，切顶线处缺少单体支柱。

(4) 工作面硬帮爆破，未对设备采取防护措施。

(5) 采煤机滚筒上、下 3 m 机道范围内有人而启动采煤机。采煤机运行时，人员进入滚筒上、下 3 m 机道范围内。

(6) 推移工作面运输机时，煤壁侧有人作业。

(7) 转载机运行时，在未封闭段进行挑、翻棚作业。

(8) 不经“过桥”而直接跨越运行中的运输机。

(9) 翻棚作业时，未执行“先备后翻”或爆破崩棚子，恢复巷道不由外向里逐架施工。

(10) 防冲、防突、防治水允掘牌板未按规定安设或填写。

(11) 处理堵塞的喷浆管时,喷射枪口对准自己或他人。

(12) 综掘机回转台前方有人而启动综掘机。综掘机运行时,人员进入回转台前方。

(13) 耙装机耙矸时,人员进入耙斗运行范围内。

(14) 耙装机的耙斗导向轮固定在支护锚杆或金属支架上。

(15) 上山耙装机的固定未达到规程要求。

(16) 围岩破碎时不及时使用前探支护。

(17) 未进行敲帮问顶就进行作业。

二、采煤专业习惯性“三违”行为

（1）有伞檐不处理而继续施工。

（2）两巷超前支护数量不够，梁上不接顶，初撑力未达到设计规定。

（3）采煤机喷雾不能正常使用时割煤。

（4）割煤时采煤机前方支架伸缩梁或护帮板不收回或收回不及时。

（5）跟机拉架时，不顾架前、架间、支架附近有人作业，盲目拉架。

（6）采煤机割煤后拉架跟不上，护帮板打不到位或用护帮板支护顶板。

（7）移架、推刮板输送机后，支架手把不及时回位。

（8）移架过程中不开架间喷雾。

（9）支架初撑力不达到设计规定。

（10）单体支柱防倒绳拴设位置不正确。

（11）两端头无措施规定超前或滞后放顶。

（12）转载机、带式输送机、刮板输送机司机在设备运行状态下处理堆煤和浮煤。

（13）刮板输送机、转载机搭接不合理，造成拉回头煤，运输机转载点支架使用可燃性材料。

（14）拖移转载机时，施工人员站在危险范围内。

（15）刮板输送机出现卡矸、卡大块煤时，不及时停机处理。

（16）检修液压系统管路时，不停泵。

（17）更换支架液压管后，不使用标准 U 型销子。

（18）液压管跑、冒、滴、漏不处理。

（19）工作面上下回头顶板冒落不充分，未采取措施处理。

（20）工作面端头支架与巷道支护间距超设计规定。

（21）工作面支架间有浮煤、粉尘大。

（22）放顶煤工作面注水效果不好、粉尘大。

（23）采煤机械不整洁、有浮煤。

（24）采区内巷道未采取有效疏排水措施，积水上道。

（25）工作面前部或后部刮板输送机机头、机尾过高，距顶板间距小于 0.3 m，易卡大块。

(26) 工作面硬帮片帮超过 0.5 m,不加打靠帮柱。

(27) 采煤工作面两巷超前行人安全距离(宽度)小于 0.8 m,综采巷高小于 1.8 m,炮采巷高小于 1.6 m。

(28) 工作面上下端头锚杆托盘、锚索托梁未按规定超前拆卸,出现悬顶。

(29) 大倾角工作面未按设计上齐挡矸网。

三、掘进专业习惯性“三违”行为

(1) 用钻机钻进时,钻机前方有人作业。

(2) 在无专项措施的情况下,采用反向装药爆破。

(3) 干打眼。

(4) 打眼、装药平行作业。

(5) 炮眼数量、周边眼间距与作业规程不符。

(6) 爆破前后,不洒水冲尘。

(7) 装药不使用专用炮棍。

(8) 爆破时不对设备、设施等采取保护措施。

(9) 工作面迎头排水不及时造成积水。

(10) 不采取措施造成电气设备淋水。

违章指挥

（11）综掘机照明灯不亮。

（12）综掘机机身不挂甲烷检测报警仪。

（13）综掘机司机不按规定切割程序割煤，超、欠挖严重。

（14）刮板输送机在飘链、出槽、掉链、断链及连接环缺螺丝等情况下运转。

（15）锚索、锚杆外露过长或过短。

（16）工作面锚杆、锚索间排距及角度不符合设计规定。

(17) 不按规定使用锚固剂。

(18) 不按规定连网。

(19) 所缺锚杆、锚索不及时补打。

(20) 平巷及下山耙装机的固定未达到规程要求。

(21) 耙装机安全防护设施不全的情况下开机作业。

(22) 耙装机耙矸时未及时开启喷雾。

(23) 耙装机钢丝绳磨损严重、断股仍继续使用。

(24) 耙装机停机后,开关不闭锁。

(25) 喷混凝土前不冲洗巷帮。

(26) 喷浆不开喷雾。

(27) 初喷厚度不够,未按规定施工喷混凝土厚度检查孔。

(28) 架棚支护帮、顶未刹实、刹靠。

(29) 架棚出现前仰、后翻、架斜等情况不及时处理。

(30) 带式输送机、刮板输送机司机躺、卧。

(31) 刮板输送机机头、机尾未按规定打设压柱。

(32) 浮货多、磨带式输送机,水煤上带式输送机。

(33) 大块矸石装车。

(34) 掘进工作面迎头 10 m 范围内的支护,在爆破前没有按规定进行加固。

(35) 开拓、掘进工作面未按设计规定使用临时支护。

(36) 锚喷支护巷道,锚杆托板未能紧贴煤岩面。

(37) 锚杆支护巷道内,使用支护锚杆(索)起吊物件。

(38) 不使用气扳机或力矩扳手及时紧固锚杆。

(39) 接尘人员在产尘作业时未佩戴防尘口罩。

(40) 浮煤、刮板输送机或带式输送机中有雷管、火药。

第四节　“一通三防”专业常见“三违”行为

学习任务卡

工人师傅们，请你对照以下所列“三违”行为进行自评，如你知晓并已杜绝该“三违”行为请打√；如你不知晓或曾经犯过该“三违”行为请打×。如存在打×的“三违”行为，请务必进行重点学习和防治。

一、“一通三防”专业严重“三违”行为

（1）无措施停局部通风机换风筒或断开风筒爆破。

（2）排放瓦斯未采取使用三通等限量排放措施。

（3）同时打开风门造成风流短路或用矿车等挤撞风门造成风门损坏或不能及时复位。

不能同时打开两道风门

(4) 作业地点未按规定悬挂便携式甲烷检测报警仪。瓦斯传感器不按规定位置悬挂,吊挂不标准,故意将瓦斯传感器、便携式甲烷检测报警仪悬挂在风筒出风或漏风处。

(5) 矿长、矿总工程师、爆破工、采掘区队长、通风区队长、工程技术人员、班长、流动电钳工等下井时,未携带便携式甲烷检测报警仪。瓦斯检查工未携带便携式光学瓦斯检定器和便携式甲烷检测报警仪。安全监测工未携带便携式甲烷检测报警仪。

(6) 没有按照设计要求打设超前钻孔,施工完的钻孔未按作业规程规定封孔。

(7) 正面面对钻孔孔口，进行封孔或拆卸钻孔阀门或堵头。

(8) 抽采泵站无计划停泵、倒换泵，无措施调整抽采管路系统。

(9) 工作面计划内停风不及时通知监控中心。

(10) 消火员检查密闭进入栏杆内没有执行2人一组措施。

二、“一通三防”专业习惯性“三违”行为

(1) 瓦斯检查工不在规定时间、地点交接班。

(2) 瓦斯检查牌板距迎头超过规定。

(3) 风筒末端距工作面超过规定。

(4) 风筒穿过风门时不使用铁质风筒过渡。

(5) 风筒拐弯时没有用弯头或使用弯头不符合要求。

(6) 风水管、电缆、支架等挤压风筒不及时处理。

(7) 风门、门墙上的电缆孔、管子孔未及时封堵。

(8) 电缆、风水管从密闭区或风门上留设的风窗穿过。

(9) 拆除与构筑通风设施等遗留杂物未清理干净。

(10) 回风巷道内随意堆放杂物超过断面三分之一。

(11) 隔爆水袋破损、水量不足未及时更换或补水。

(12) 施工人员站在综掘机上、风水管上、带式输送机上或设备上作业。

(13) 各转载点喷雾不按规定正常使用。

(14) 带式输送机机头无洒水软管或洒水软管长度不符合规定。

(15) 不按规定使用净化水幕。

(16) 更换风管、供水管路时将管口对着人。

(17) 不按规定进行风机切换试验。

(18) 不按规定填写瓦斯抽采牌板。

(19) 不按规定进行煤层注水或煤体注水不合格,没有及时安装注水设施。

(20) 砌筑通风设施未剪除两帮及顶部支护

金属网或掏槽。

(21) 在砌筑超过 2 m 的通风设施时不搭脚手架，不系安全带。

(22) 新安装或拆除监控设备不及时填写清单。

(23) 拆除监控设备电源不通知监控中心。

(24) 消防器材配备不符合规定或使用过期的消防器材。

(25) 水仓无防护栏或警示标志。

(26) 压风自救装置无风、微风、损坏、脏乱或位置不正确。

(27) 防突参数测定工作，操作规范上明令 2 人作业，却只安排单人作业。

(28) 上下两巷的注水孔注水后不及时封堵。

(29) 消火管路和抽采管路的螺丝不及时上齐。

(30) 打钻施工前钻机没有打齐戗压支柱。

(31) 钻机没有完全停止转动就接卸钻杆。

(32) 接卸钻杆站在水辫正下方。

(33) 煤巷打钻无风水联动装置。

(34) 灌浆时没有对钻孔进行固定或采取防窜孔措施。

第五节　机电、运输专业常见“三违”行为

学习任务卡

工人师傅们，请你对照以下所列“三违”行为进行自评，如你知晓并已杜绝该“三违”行为请打√；如你不知晓或曾经犯过该“三违”行为请打×。如存在打×的“三违”行为，请务必进行重点学习和防治。

一、机电、运输专业严重“三违”行为

(1) 带电搬迁非本安型电气设备。

(2) 井下带电检修移动设备。

(3) 用铜、铝、铁丝等代替保险丝。

(4) 机电设备脱保运行。

(5) 不按照设计，随意调整开关整定值。

(6) 非专职人员操作电气设备。

(7) 井下电气设备停电时未按要求从低压到高压逐级停电,越级停电。

(8) 井下机电设备检修前,未切断上一级电源、电气开关未闭锁。检修电气设备未按规定检查瓦斯,不验电放电、不挂接地线、不执行停电挂牌制度和停送电制度,强行送电。

(9) 采煤机检修时,未切断电源且未打开采煤机隔离开关和离合器,未对工作面刮板输送机进行闭锁。

(10) 综掘机停止工作和检修以及交接班时,未将综掘机切割头落地、未断开综掘机上的电源开关、未断开磁力启动器的隔离开关。

(11) 刮板输送机维护、检修时,刮板输送机、转载机等设备不停机闭锁,不断开隔离开关及离合器。

(12) 刮板输送机机头、机尾无防护板,转载机未封闭。

(13) 6 kV 及以上的倒闸操作,电气工作人员不执行工作票、操作票制度(事故状态、应急处理除外)。

(14) 操作井下高压电气设备时,操作人员不戴绝缘手套、不穿电工绝缘靴。

(15) 未停电的情况下连接带式输送机输送带。不按规定使用带式输送机运送物件。

(16) 带压处理风、水、液压管路故障。

(17) 乘箕斗或吊桶时人员不系保险带。

(18) 在井口 1 m 范围内或高空作业时不系保险带、使用的工具不采取防坠措施、抛接物件。

(19) 斜巷提升拉车数量和重量超规定,以及不使用防脱销。

(20) 倾斜井巷阻挡车装置不全,无跑车防护装置。

(21) 倾斜井巷挡车装置不能保持常闭状态。倾斜井巷提放车后,不能及时关闭阻挡车装置。

(22) 绞车不带电放飞车。

(23) 绞车运行期间,人员跨越钢丝绳。

(24) 绞车钢丝绳插接长度不符合规定继续使用。

(25) 绞车地锚松动,绞车闸无拉杆用其他物件代替。

(26) 电机车未停稳时，强行从车上摘取连接销、连接链或扳道岔。

(27) 电机车司机离开座位时，不切断电源，不扳紧停车制动、关闭车灯。

二、机电专业习惯性“三违”行为

(1) 泵站不按照规定管理，不使用乳化液自动配比装置；乳化液泵站长流水；乳化液配比浓度不达标，压力达不到规定标准；润滑油量不足；泵箱内添加乳化液后，不使用糖量计检测配比浓度。

(2) 井下斜巷绞车、刮板输送机、带式输送机等机械设备开车前不发出警示信号。

(3) 机械设备不按规定注油。

(4) 设备、设施不使用专用销子。

(5) 不按规定试验各种保护装置。

(6) 接地母线、辅助接地母线、局部接地极连接地线不用耐腐蚀铁线或扁钢。

(7) 操作电气设备主回路时，不使用绝缘用具。

(8) 检修设备时开关不打到零位、不闭锁。

(9) 检修电气设备时，不使用瓦斯检测仪测瓦斯。

(10) 电气设备检修，拆、接线单独操作。

(11) 通信、信号电缆与高压电缆混挂在一起。

(12) 用铁丝吊挂电缆。

(13) 人员在电缆、电气设备上坐、卧。

(14) 井下带电电缆盘圈存放(采煤机或机组拖曳电缆除外)。

(15) 煤仓上口作业时，不系安全带。

(16) 设备连接处的连接螺栓锈蚀、松动不及时紧固继续使用。

(17) 带式输送机跑偏不处理，继续带病运转。

(18) 处理导料槽、挡煤板、清扫器不关停带式输送机。

(19) 起吊设备不使用专用吊环，起吊锚链连接环未上螺栓。

(20) 起吊设备选用的手动葫芦负荷能力小于所吊设备重量。

（21）起吊重物捆绑不牢固，重心偏移继续起吊。起吊重物时，人员在重物下方、吊臂下方或重物运行前方停留。

（22）电焊、气割作业时，人员没有穿戴或使用防护用品、用具；乙炔瓶、氧气瓶安全距离不够。

三、运输专业习惯性“三违”行为

（1）轨道铺设质量差，构件不全。

（2）材料设备距轨道安全距离不够。

（3）电机车启动不鸣笛，电机车会车、大巷弯道、交叉点、硐室口等地段或运行前方有人，不减速、不鸣笛。

(4) 大巷推车过弯道、风门等地点不设警戒。

(5) 电机车有隐患不处理就运行。

(6) 电机车司机超速行驶。

(7) 运行车辆不使用红尾灯或尾灯不亮。

(8) 顶车、顶运物料运行无人监护。

(9) 绞车出绳方向与轨道中线不一致时，用板拨绳。

(10) 机车运行中司机将头或身体探出车外。

(11) 电机车司机离开座位时，不取下控制手把、关闭车灯。

(12) 提升运输时不正确使用声光信号。

(13) 提升绳钩头鸡心环不完好拉车。

(14) 绞车护绳板固定不可靠拉车。

(15) 绞车钢丝绳排列不整齐。

(16) 使用绞车运送物料拐弯时不使用导向轮。

(17) 车辆停放不使用阻车器。

(18) 拉放车物料捆绑不牢。

(19) 野蛮卸车或利用惯性卸车。

(20) 检修电机车、矿车及人车时，行车起吊后不支垫。

(21) 人车运送人员时，超员乘坐。

(22) 不使用专用车装运轨道、钢管等长物件。

(23) 停车超过警冲标，在道岔上停车。

(24) 一次推多辆矿车。

(25) 调向滑轮受力方向内侧有人。

(26) 人力推车，距离保持不够。

第六节　地测防治水专业常见“三违”行为

学习任务卡

工人师傅们，请你对照以下所列“三违”行为进行自评，如你知晓并已杜绝该“三违”行为请打√；如你不知晓或曾经犯过该“三违”行为请打×。如存在打×的“三违”行为，请务必进行重点学习和防治。

一、地测防治水专业严重“三违”行为

（1）井下物探作业（不包括地质超前探测）前未编制设计，或设计未由矿总工程师审批。

（2）物探施工结束后，未提交成果报告，或报告未由矿总工程师审批。

（3）掘进巷道未编制单帮素描图。

（4）探放水钻孔位置未由测量人员提供，私自开孔。

（5）在预计水压大于 0.1 MPa 的地点探水未先固结套管、闸阀。

（6）矿井主要水平大巷未达到至少有 1 组（不少于 3 个点）永久导线基点。

（7）破坏井下永久导线点、高程点。

二、地测防治水专业习惯性“三违”行为

（1）未按要求对井筒、石门和穿层巷道见煤点进行描述。

（2）掘进巷道观测点间距不足。

（3）构造复杂区域未进行连续观测。

（4）井巷素描未做到每 20～50 m 编录一次迎头断面图。

(5) 断层、褶皱、陷落柱等不良地质体观测未及时修改图件。

(6) 井下观测记录2天内未整理上图或填写台账。

(7) 煤层尖灭时,未对尖灭区域进行观测上图。

(8) 穿煤巷道、全煤厚巷道未实测煤层柱状。

(9) 生产矿井“四书”编制内容及完成时间不符合《煤矿地质工作规定》要求。

(10) 地质预报月报超期,或未经地测部门审核发放。

(11) 地质预报内容不符合《煤矿地质工作规定》。

(12) 探放水时未安排专人监测钻孔出水情况。

(13) 未按雨季巡视制度进行观测记录。

(14) 对采空区物探异常点未使用钻探验证。

(15) 未按规定对出水点进行调查观测。

(16) 井下永久导线点、高程点的编号标注不明显、不清晰。

(17) 采区控制导线超延长距离超过 100 m。

(18) 中心腰线延长不及时。

(19) 损失量计算图表每月未及时更新。

(20) 分层开采煤层，首分层开采期间未编制探煤厚计算图。

学习任务卡

想一想，你在工作中还发现过哪些“三违”行为，找煤矿的培训部门或者老员工去了解你工作岗位中常见的“三违”行为还有哪些，一定要熟悉其危害和防治措施，杜绝“三违”现象。

第五章　煤矿重大事故隐患

安全提示：事故隐患通常分为一般事故隐患和重大事故隐患。一般事故隐患是指危害和整改难度较小，发现后能够立即整改排除的隐患。重大事故隐患是指危害和整改难度较大，应当全部或者局部停产停业，并经过一定时间整改治理方能排除的隐患。当发现重大事故隐患时，一定要及时向煤矿领导汇报，如果领导不予处理，则有权向县级以上人民政府负责煤矿安全生产监督管理的部门或煤矿安全监察机构举报。

一、15 种煤矿重大事故隐患情形

(1) 超能力、超强度或者超定员组织生产。

(2) 瓦斯超限作业。

(3) 煤与瓦斯突出矿井，未依照规定实施防突出措施。

(4) 高瓦斯矿井未建立瓦斯抽采系统和监控

系统，或者系统不能正常运行。

(5) 通风系统不完善、不可靠。

(6) 有严重水患，未采取有效措施。

(7) 超层越界开采。

(8) 有冲击地压危险，未采取有效措施。

(9) 自然发火严重，未采取有效措施。

(10) 使用明令禁止使用或者淘汰的设备、工艺。

(11) 煤矿没有双回路供电系统。

(12) 新建煤矿边建设边生产，煤矿改扩建期间，在改扩建的区域生产，或者在其他区域的生产超出安全设施设计规定的范围和规模。

(13) 煤矿实行整体承包生产经营后，未重新取得或者及时变更安全生产许可证而从事生产，或者承包方再次转包，以及将井下采掘工作面和井巷维修作业进行劳务承包。

(14) 煤矿改制期间，未明确安全生产责任人和安全管理机构，或者在完成改制后，未重新取得或者变更采矿许可证、安全生产许可证和营业执照。

(15) 其他重大事故隐患。

二、“超能力、超强度或者超定员组织生产”重大事故隐患情形

(1) 煤矿全年原煤产量超过核定(设计)生产能力幅度在10%以上,或者月原煤产量大于核定(设计)生产能力的10%的。

(2) 煤矿或其上级公司超过煤矿核定(设计)生产能力下达生产计划或者经营指标的。

(3) 煤矿开拓、准备、回采煤量可采期小于国家规定的最短时间,未主动采取限产或者停产措施,仍然组织生产的(衰老煤矿和地方人民政府计划停产关闭煤矿除外)。

(4) 煤矿井下同时生产的水平超过2个,或者一个采(盘)区内同时作业的采煤、煤(半煤岩)巷掘进工作面个数超过《煤矿安全规程》规定的。

(5) 瓦斯抽采不达标组织生产的。

(6) 煤矿未制定或者未严格执行井下劳动定员制度,或者采掘作业地点单班作业人数超过国家有关限员规定20%以上的。

三、“瓦斯超限作业”重大事故隐患情形

（1）瓦斯检查存在漏检、假检情况且进行作业的。

（2）井下瓦斯超限后继续作业或者未按照国家规定处置继续进行作业的。

（3）井下排放积聚瓦斯未按照国家规定制定并实施安全技术措施进行作业的。

四、“煤与瓦斯突出矿井，未依照规定实施防突出措施”重大事故隐患情形

（1）未设立防突机构并配备相应专业人员的。

（2）未建立地面永久瓦斯抽采系统或者系统不能正常运行的。

（3）未按照国家规定进行区域或者工作面突出危险性预测的（直接认定为突出危险区域或者突出危险工作面的除外）。

（4）未按照国家规定采取防治突出措施的。

（5）未按照国家规定进行防突措施效果检验和验证，或者防突措施效果检验和验证不达标仍然组织生产建设，或者防突措施效果检验和验证数据造假的。

（6）未按照国家规定采取安全防护措施的。

（7）使用架线式电机车的。

五、"高瓦斯矿井未建立瓦斯抽采系统和监控系统，或者系统不能正常运行"重大事故隐患情形

（1）按照《煤矿安全规程》规定应当建立而未建立瓦斯抽采系统或者系统不正常使用的。

（2）未按照国家规定安设、调校甲烷传感器，人为造成甲烷传感器失效，或者瓦斯超限后不能报警、断电或者断电范围不符合国家规定的。

六、"通风系统不完善、不可靠"重大事故隐患情形

（1）矿井总风量不足或者采掘工作面等主要用风地点风量不足的。

（2）没有备用主要通风机，或者两台主要通风机不具有同等能力的。

（3）违反《煤矿安全规程》规定采用串联通风的。

（4）未按照设计形成通风系统，或者生产水平和采（盘）区未实现分区通风的。

风量不足是重大隐患

(5) 高瓦斯、煤与瓦斯突出矿井的任一采(盘)区，开采容易自燃煤层、低瓦斯矿井开采煤层群和分层开采采用联合布置的采(盘)区，未设置专用回风巷，或者突出煤层工作面没有独立的回风系统的。

(6) 进、回风井之间和主要进、回风巷之间联络巷中的风墙、风门不符合《煤矿安全规程》规定，造成风流短路的。

(7) 采区进、回风巷未贯穿整个采区，或者虽贯穿整个采区但一段进风、一段回风，或者采用倾斜长壁布置，大巷未超前至少 2 个区段构成通风系统即开掘其他巷道的。

(8) 煤巷、半煤岩巷和有瓦斯涌出的岩巷掘进未按照国家规定装备甲烷电、风电闭锁装置或者有关装置不能正常使用的。

(9) 高瓦斯、煤(岩)与瓦斯(二氧化碳)突出矿井的煤巷、半煤岩巷和有瓦斯涌出的岩巷掘进工作面采用局部通风时，不能实现双风机、双电源且自动切换的。

(10) 高瓦斯、煤(岩)与瓦斯(二氧化碳)突出建设矿井进入二期工程前，其他建设矿井进入三期工程前，没有形成地面主要通风机供风的全风压通风系统的。

七、“有严重水患，未采取有效措施”重大事故隐患情形

(1) 未查明矿井水文地质条件和井田范围内采空区、废弃老窑积水等情况而组织生产建设的。

(2) 水文地质类型复杂、极复杂的矿井未设置专门的防治水机构、未配备专门的探放水作业队伍，或者未配齐专用探放水设备的。

(3) 在需要探放水的区域进行采掘作业未按照国家规定进行探放水的。

(4) 未按照国家规定留设或者擅自开采(破坏)各种防隔水煤(岩)柱的。

(5) 有突(透、溃)水征兆未撤出井下所有受水患威胁地点人员的。

(6) 受地表水倒灌威胁的矿井在强降雨天气或其来水上游发生洪水期间未实施停产撤人的。

(7) 建设矿井进入三期工程前,未按照设计建成永久排水系统,或者生产矿井延深到设计水平时,未建成防、排水系统而违规开拓掘进的。

(8) 矿井主要排水系统水泵排水能力、管路和水仓容量不符合《煤矿安全规程》规定的。

(9) 开采地表水体、老空水淹区域或者强含水层下急倾斜煤层,未按照国家规定消除水患威胁的。

八、"超层越界开采"重大事故隐患情形

(1) 超出采矿许可证载明的开采煤层层位或者标高进行开采的。

(2) 超出采矿许可证载明的坐标控制范围进

行开采的。

(3) 擅自开采(破坏)安全煤柱的。

九、“有冲击地压危险,未采取有效措施”重大事故隐患情形

(1) 未按照国家规定进行煤层(岩层)冲击倾向性鉴定,或者开采有冲击倾向性煤层未进行冲击危险性评价,或者开采冲击地压煤层,未进行采区、采掘工作面冲击危险性评价的。

(2) 有冲击地压危险的矿井未设置专门的防冲机构、未配备专业人员或者未编制专门设计的。

(3) 未进行冲击地压危险性预测,或者未进行防冲措施效果检验以及防冲措施效果检验不达标仍组织生产建设的。

(4) 开采冲击地压煤层时,违规开采孤岛煤柱,采掘工作面位置、间距不符合国家规定,或者开采顺序不合理、采掘速度不符合国家规定、违反国家规定布置巷道或者留设煤(岩)柱造成应力集中的。

(5) 未制定或者未严格执行冲击地压危险区域人员准入制度的。

十、“自然发火严重，未采取有效措施”重大事故隐患情形

（1）开采容易自燃和自燃煤层的矿井，未编制防灭火专项设计或者未采取综合防灭火措施的。

（2）高瓦斯矿井采用放顶煤采煤法不能有效防治煤层自然发火的。

（3）有自然发火征兆没有采取相应的安全防范措施继续生产建设的。

（4）违反《煤矿安全规程》规定启封火区的。

十一、“使用明令禁止使用或者淘汰的设备、工艺”重大事故隐患情形

（1）使用被列入国家禁止井工煤矿使用的设备及工艺目录的产品或者工艺的。

（2）井下电气设备、电缆未取得煤矿矿用产品安全标志的。

（3）井下电气设备选型与矿井瓦斯等级不符，或者采（盘）区内防爆型电气设备存在失爆，或者井下使用非防爆无轨胶轮车的。

（4）未按照矿井瓦斯等级选用相应的煤矿许

用炸药和雷管、未使用专用发爆器，或者裸露爆破的。

（5）采煤工作面不能保证 2 个畅通的安全出口的。

（6）高瓦斯矿井、煤与瓦斯突出矿井、开采容易自燃和自燃煤层（薄煤层除外）矿井，采煤工作面采用前进式采煤方法的。

十二、"煤矿没有双回路供电系统"重大事故隐患情形

（1）单回路供电的。

（2）有两回路电源线路但取自一个区域变电所同一母线段的。

（3）进入二期工程的高瓦斯、煤与瓦斯突出、水文地质类型为复杂和极复杂的建设矿井，以及进入三期工程的其他建设矿井，未形成两回路供电的。

十三、"新建煤矿边建设边生产，煤矿改扩建期间，在改扩建的区域生产，或者在其他区域的生产超出安全设施设计规定的范围和规模"重大事故隐患情形

（1）建设项目安全设施设计未经审查批准，或者审查批准后做出重大变更未经再次审查批准擅自组织施工的。

（2）新建煤矿在建设期间组织采煤的（经批准的联合试运转除外）。

（3）改扩建矿井在改扩建区域生产的。

（4）改扩建矿井在非改扩建区域超出设计规定范围和规模生产的。

十四、“煤矿实行整体承包生产经营后，未重新取得或者及时变更安全生产许可证而从事生产，或者承包方再次转包，以及将井下采掘工作面和井巷维修作业进行劳务承包”重大事故隐患情形

（1）煤矿未采取整体承包形式进行发包，或者将煤矿整体发包给不具有法人资格或者未取得合法有效营业执照的单位或者个人的。

（2）实行整体承包的煤矿，未签订安全生产管理协议，或者未按照国家规定约定双方安全生产管理职责而进行生产的。

（3）实行整体承包的煤矿，未重新取得或者变更安全生产许可证进行生产的。

(4) 实行整体承包的煤矿，承包方再次将煤矿转包给其他单位或者个人的。

(5) 井工煤矿将井下采掘作业或者井巷维修作业(井筒及井下新水平延深的井底车场、主运输、主通风、主排水、主要机电硐室开拓工程除外)作为独立工程发包给其他企业或者个人的，以及转包井下新水平延深开拓工程的。

十五、"煤矿改制期间，未明确安全生产责任人和安全管理机构，或者在完成改制后，未重新取得或者变更采矿许可证、安全生产许可证和营业执照"重大事故隐患情形

(1) 改制期间，未明确安全生产责任人进行生产建设的。

(2) 改制期间，未健全安全生产管理机构和配备安全管理人员进行生产建设的。

(3) 完成改制后，未重新取得或者变更采矿许可证、安全生产许可证、营业执照而进行生产建设的。

十六、“其他重大事故隐患”情形

（1）未分别配备专职的矿长、总工程师和分管安全、生产、机电的副矿长，以及负责采煤、掘进、机电运输、通风、地测、防治水工作的专业技术人员的。

（2）未按照国家规定足额提取或者未按照国家规定范围使用安全生产费用的。

（3）未按照国家规定进行瓦斯等级鉴定，或者瓦斯等级鉴定弄虚作假的。

（4）出现瓦斯动力现象，或者相邻矿井开采的同一煤层发生了突出事故，或者被鉴定、认定为突出煤层，以及煤层瓦斯压力达到或者超过0.74 MPa的非突出矿井，未立即按照突出煤层管理并在国家规定期限内进行突出危险性鉴定的（直接认定为突出矿井的除外）。

（5）图纸作假、隐瞒采掘工作面，提供虚假信息、隐瞒下井人数，或者矿长、总工程师（技术负责人）履行安全生产岗位责任制及管理制度时伪造记录，弄虚作假的。

（6）矿井未安装安全监控系统、人员位置监测系统或者系统不能正常运行，以及对系统数据进行修改、删除及屏蔽，或者煤与瓦斯突出矿井存在第5条第(2)项情形的。

(7) 提升(运送)人员的提升机未按照《煤矿安全规程》规定安装保护装置，或者保护装置失效，或者超员运行的。

(8) 带式输送机的输送带入井前未经过第三方阻燃和抗静电性能试验，或者试验不合格入井，或者输送带防打滑、跑偏、堆煤等保护装置或者温度、烟雾监测装置失效的。

(9) 掘进工作面后部巷道或者独头巷道维修(着火点、高温点处理)时，维修(处理)点以里继续掘进或者有人员进入，或者采掘工作面未按照国家规定安设压风、供水、通信线路及装置的。

(10) 露天煤矿边坡角大于设计最大值，或者边坡发生严重变形未及时采取措施进行治理的。

(11) 国家矿山安全监察机构认定的其他重大事故隐患。

学习任务卡

请找煤矿的培训部门或者老员工去了解你工作岗位中的一般事故隐患，平时工作中要能正确识别这些隐患，并掌握处理的方法，如果不能处理的，一定要及时汇报。

一般事故隐患记录：

第六章　煤矿井下避灾

第一节　避灾基本原则

1. 积极抢救

灾害事故发生后，处于灾区内以及受波及区域的人员应沉着冷静，根据灾情和现有条件，在保证安全的前提下，采取积极有效的方法和措施，及时投入现场抢救，将事故消灭在初起阶段或控制在最小范围，最大限度地减少事故造成的损失。

2. 安全撤离

当现场不具备事故抢救的条件或可能危及人员的安全时，井下人员应想方设法，迅速安全地撤离灾区。

3. 妥善避难

如在短时间内无法安全撤离，遇险人员应在灾区内进行自救和互救，妥善避难，努力维持和改善自身生存条件，等待救护人员的援救。如不能撤至地面，应尽量撤至井下设置的避难硐室中或安全条件较好的其他地点。

第二节　煤矿井下避灾路线

煤矿根据不同的灾变和灾害发生地点而制定的能使井下人员用尽量短的时间、从最近的距离撤到安全地点的路线，称为避灾路线。煤矿井下作业人员必须熟知避灾路线，以便发生灾害事故时，能够安全撤离。

最佳的避灾路线必须满足三个条件：一是适合不同的灾害事故，二是安全条件好，三是撤离时间最短。

井下所有工作地点必须设置灾害事故避灾路线。避灾路线指示应当设置在不易受到碰撞的显著位置，在矿灯照明下清晰可见，并标注所在位置。巷道交叉口必须设置避灾路线标识。

巷道内设置标识的间隔距离：采区巷道不大于 200 m，矿井主要巷道不大于 300 m。

煤矿作业人员必须熟悉应急救援预案和避灾

路线，具有自救互救和安全避险知识。井下作业人员必须熟练掌握自救器和紧急避险设施的使用方法。

必须熟练掌握自救器使用方法

班组长应当具备兼职救护队员的知识和能力，能够在发生险情后第一时间组织作业人员自救互救和安全避险。

外来人员必须经过安全和应急基本知识培训，掌握自救器使用方法，并签字确认后方可入井。

第三节　井下安全避险系统

一、煤矿井下安全避险六大系统

煤矿必须建立矿井安全避险系统，对井下人员进行安全避险和应急救援培训，每年至少组织1次应急演练。

煤矿安全避险六大系统包括：矿井监测监控系统、井下人员定位系统、井下紧急避险系统、矿井压风自救系统、矿井供水施救系统和矿井通信联络系统等。

煤矿井下安全避险六大系统

所有井工煤矿必须按规定建设完善煤矿安全避险六大系统，入井人员必须会使用煤矿安全避险六大系统。

二、压风自救装置的使用操作

当井下发生煤与瓦斯突出或发现有煤与瓦斯突出预兆，或瓦斯严重超标，对现场人员生命有严重威胁时，人员要以最快的速度使用压风自救装置。

1. 面罩式压风自救装置

面罩式压风自救装置具体操作使用方法是：现场人员打开压风自救装置箱门→打开气动阀→戴上面罩进行呼吸→待安全后沿避灾路线撤离或等待救灾。

2. 防护袋式压风自救装置

防护袋式压风自救装置具体操作使用方法是：现场人员迅速跑至压风自救装置处→解开防护袋→打开供气球阀→人员头部钻入防护袋（保证鼻、口在防护袋内）。

第七章　自救、互救与现场急救

第一节　自救器的使用

大量煤矿事故事实证明，当矿井发生灾害事故后，事故现场人员在万分危急的情况下，依靠自己的智慧和力量，积极正确地开展自救和互救工作，是最大限度地减少事故损失的重要环节。所以每个入井人员都必须掌握自救互救的基本方法。

自救器介绍

一、化学氧自救器的使用

化学氧自救器是指利用化学生氧物质产生氧

气的隔离式呼吸保护器。它用于灾区环境大气中缺氧或存在有毒有害气体的环境，供一般入井人员使用，只能使用1次。

以ZH(30)C化学氧自救器为例，自救器型号为ZH(30)C，其中字母Z代表自救器，H代表化学氧，30代表防护时间为30 min，C代表设计序号。

化学氧自救器的佩戴与使用注意事项（三维仿真）

化学氧自救器的佩戴使用（真人实操）

二、压缩氧自救器的使用

压缩氧自救器是指利用压缩氧气供氧的隔离式呼吸保护器。它用于灾区环境大气中缺氧或存在有毒有害气体的情况，是一种可反复多次使用的自救器,每次使用后只需要更换吸收二氧化碳的吸收剂和重新充装氧气即可重复使用。

压缩氧自救器的佩戴与使用注意事项(三维仿真)

压缩氧自救器的佩戴使用(真人实操)

第二节　避难硐室的自救避灾

避难硐室是井下发生灾害事故后,人员无法撤离灾区时的避难场所。避难硐室分事先构筑好的永久避难硐室和由避灾人员用身边现有材料建造的临时避难硐室。

一、永久避难硐室

永久避难硐室预先设在井底车场附近或采区

工作地点安全出口的路线上，距工作地点不能太远(即到达时间不能超过自救器的有效工作时间)。避难硐室的容积原则上应能容纳采区的全体人员。硐室内备有供避灾人员呼吸用的供气装备(如压风自救装置)、通信设备、自救器、药品和食物等。需要注意两个问题：一是硐室内的供气装置要有保障，即空气气源能长时间供气，遇险人员使用的呼吸装置要佩戴方便、迅速、呼吸自如舒畅；二是硐室内要存放一定数量的自救器，其防护时间要长一些(如 30 min 以上的化学氧和压缩氧自救器)，确保遇险人员在条件允许时，佩戴自救器从避难硐室撤到安全地点或井上。

二、临时避难硐室

临时避难硐室是一旦出现灾变事故时，遇险人员在等待救援的过程中利用现场的材料临时搭建的设施。临时避难硐室是利用独头巷道、硐室或两道风门之间的巷道，由避灾人员临时修建的，所以应在这些地点事先准备好所需的木板、木桩、风筒、黏土、砂子或砖等材料，还应装有带阀门的压气管。避灾时，若无构筑材料，避灾人员就用衣服和身边现有的材料临时构筑避难硐室，以减少有害气体的侵入。密闭应该打两道，人站在里面打。

三、避难硐室的使用操作

1. 进入避难硐室生存区

人员进入避难硐室生存区的具体操作步骤和方法如下：

第一步：人员走到避难硐室第一道防爆密闭门前→向上旋转防爆密闭门外把手→迅速进入避难硐室过渡室。

第二步：进入过渡室的人员关闭第一道防爆密闭门→向下旋转门上的内把手，锁紧第一道防爆密闭门→打开避难硐室内部压风总阀→打开喷淋装置→使用喷淋装置喷洗 30 s。

第三步：所有人员喷洗完毕之后→向上旋转第二道密闭门的把手→打开第二道密闭门→迅速进入避难硐室生存区→关闭第二道密闭门。

2. 进入避难硐室后摘取自救器

人员进入避难硐室正确摘下自救器的操作步骤和方法是：避难人员进入生存区→找到避难硐

室巷帮悬挂的“七合一”传感器→摁下传感器右侧的开关按钮→观察传感器屏幕显示数值→确认传感器显示环境参数正常→摘下自救器。

3. 操作避难硐室的压风供氧装置

避难硐室的压风供氧装置有以下两种操作模式：

(1) 压风供氧模式：人员打开避难硐室压风控制柜→打开压风管路的阀门→调节压风控制柜风流量不小于每人每分钟 100 L。

(2) 自备氧供氧模式：人员确认避难硐室巷道顶部悬挂的压风管道上的散流器无风流及流量表无读数→检查避难硐室压风总阀、压风控制柜内各阀门、散流器阀门处于打开状态→关闭硐室压风总阀→关闭第一道防爆密闭墙及第二道密闭墙上的超压排气阀→启动自备氧供氧。

4. 操作避难硐室的空气净化装置

人员确认避难硐室内传感器显示有毒有害气体浓度超标→打开避难硐室中所有的空气净化器→拿出储物座椅中相应的有毒有害气体吸收药剂并平铺至药剂床中。

操作注意事项：当传感器显示二氧化碳浓度降低后又升高，并再次提示有毒有害气体浓度超标时，更换空气净化器中的二氧化碳吸附剂。

四、在避难硐室避难时的注意事项

(1) 进入避难硐室前，应在硐室外留有矿灯、衣服、工具等明显标志，以便矿山救护队及时发现。

(2) 避难人员在避难硐室中应保持安静，不急躁，尽量俯卧于巷道底部，避免不必要的体力和氧气消耗，以便延长避难时间。

(3) 在避难中，要保持良好的精神状态和心理状态，坚持克服各种困难，坚定信心。

(4) 硐室内只留一盏矿灯照明，其余熄灭，以备人员撤离时使用。自救器、急救袋暂时可以不用的应尽量停止使用，一方面以备延长待救时间，另一方面以备重伤员抢救之用。

(5) 在避难硐室内可间断地敲打铁器、岩石等，发出呼救信号。

(6) 避难时要密切注意避难地点附近风流和瓦斯的情况，要不断改善环境争取待救时间（进入有压风管的避难硐室时应立即打开压风管）。若避难地点条件恶化，有可能危及人员生命安全时，应立即转移到附近安全地点。

（7）被水堵在上山的人员，不要向下跑，不要盲目探险。水被排走露出顶板时，也不要急于出来，以防二氧化硫、硫化氢等气体中毒。

（8）看到救护队员后不要过于激动，以防血管破裂。避难时间过长被救后，不能过多饮食和见到强烈光线，以防损伤消化器官和眼睛。

第三节　现场急救

现场急救的关键在于“及时”，争取在最短的时间内有效地完成急救和安全转运任务。现场互救必须遵守转运原则：初步确切止血、骨折简易固定、生命体征平稳、医护全程护送、边救边送、就近医院救治。

现场急救必须遵守“三先三后”的原则：

（1）窒息（呼吸道完全堵塞）或心跳、呼吸骤停的伤员，必须先进行人工呼吸或心肺复苏后搬运。

(2) 对出血的伤员,先止血,后搬运。

(3) 对骨折的伤员,先固定,后搬运。

现场急救的方法包括心肺复苏、止血、包扎、骨折临时固定和伤员搬运等。

一、心肺复苏

一旦发现有人晕倒应采取如下4个步骤措施:第一步判断意识;第二步呼救;第三步翻转体位;第四步胸外心脏按压,进行心肺复苏,如图7-1所示。

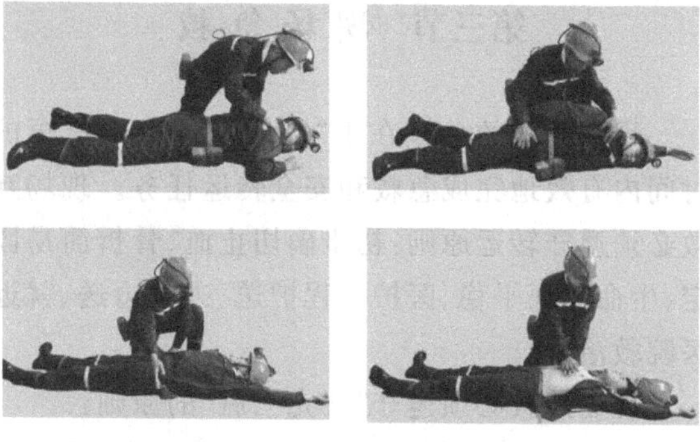

图7-1　发现有人晕倒的处理程序

心肺复苏操作步骤

二、止血

少量出血的处理：表面伤口和擦伤，应先用干净的水冲洗，再用创可贴或干净的纱布、手绢包扎伤口。

严重出血的止血方法：

（1）直接压迫止血，如图 7-2 所示。

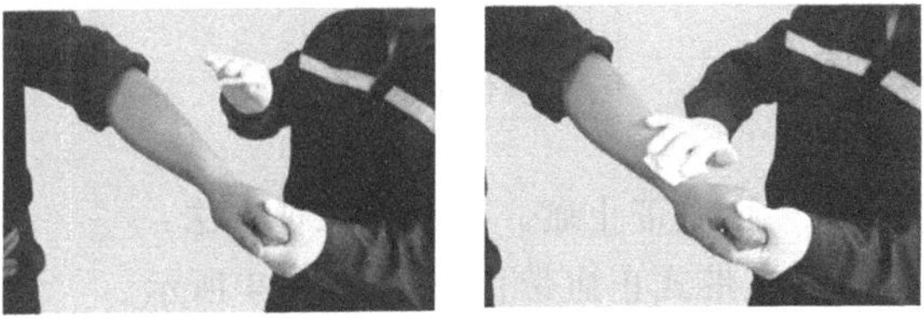

图 7-2　直接压迫止血示意图

（2）加压包扎止血，如图 7-3 所示。

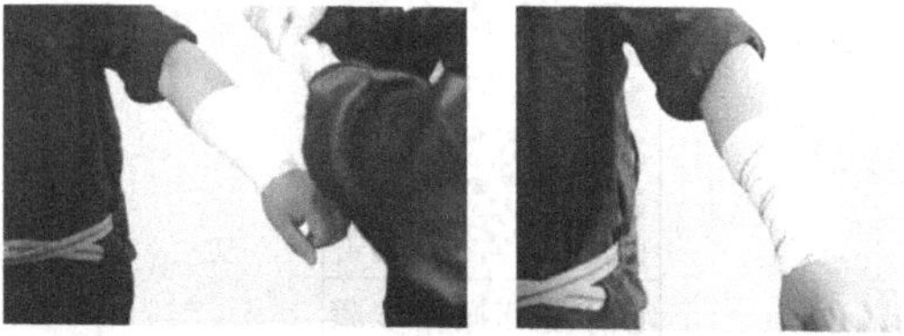

图 7-3　加压包扎止血示意图

（3）动脉行径止血法。

动脉行径止血法
操作步骤

（4）止血带止血。有以下几种方法：

① 表带式止血带止血，如图 7-4 所示。

② 橡胶管止血带止血。

③ 布带绞紧止血。

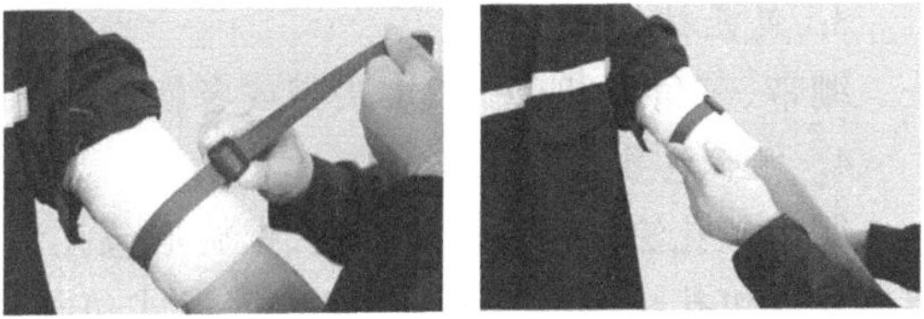

图 7-4　表带式止血带止血示意图

橡胶管止血带止血法操作步骤

布带绞紧止血法操作步骤

三、包扎

1. 包扎的目的

止血、保护伤口、防止感染、固定夹板和敷料。

2. 包扎的要求

轻、快、准、牢;先盖后包。

3. 包扎材料

绷带、三角巾、四头带、多头带或者就地取材。

4. 绷带包扎法

绷带包扎法分为环形包扎法、螺旋形包扎法、螺旋反折包扎法、“8”字形包扎法、回返式包扎法等，主要适用于四肢、头部和肢体端部的包扎。

5. 三角带包扎法

三角带包扎法主要适用于头部、胸部、背部、腹部的包扎。

绷带包扎
操作步骤

三角巾包扎
操作步骤

四、骨折临时固定

(1) 骨折原因：外力作用。

(2) 判定：肿胀、疼痛、畸形、功能障碍。

(3) 目的：制动、避免再次损伤、利于搬运。

(4) 材料：夹板、充气夹板、固定架、健侧肢体或者就地取材。

(5) 固定原则：

① 首先检查伤者的意识、呼吸、脉搏并处理严重出血。

② 夹板的长度应能将骨折处的上下关节一同加以固定。

③ 骨断端暴露时，不要拉动，不要送回伤口内。

④ 开放性骨折现场不要冲洗、不要涂药，应该先止血包扎，再固定。

⑤ 暴露肢体末端，以便观察血液循环情况。

(6) 固定方法。

上肢骨折固定操作步骤	小腿骨折固定操作步骤	大腿骨折固定操作步骤

五、伤员的搬运护送

搬运时应尽量不增加伤员的痛苦，避免造成新的损伤及并发症。

单人搬运法	双人搬运法	三人搬运法

四人徒手搬运法如图 7-5 所示。

担架搬运如图 7-6 所示。

六、对不同伤员的现场急救

1. 对中毒或窒息人员的急救

(1) 立即将伤员从危险区抢运到新鲜风流中，取平卧位。

(2) 立即将伤员口、鼻内的黏液、血块、泥土、碎煤等除去，解开上衣和腰带，脱掉胶鞋。

(3) 用衣服覆盖在伤员身上保暖。

(4) 根据心跳、呼吸、瞳孔等特征和伤员的神

图 7-5　四人徒手搬运法

图 7-6　担架搬运

智情况,初步判定伤情的轻重。

(5) 当伤员出现眼红肿、流泪、畏光、喉痛、咳嗽、胸闷现象时,说明是二氧化硫中毒所致。当出现眼红肿、流泪、喉痛及手指、头发呈黄褐色现象时,说明伤员是二氧化氮中毒。一氧化碳中毒的显著特征是嘴唇呈桃红色,两颊有红斑点。对二氧化硫、二氧化氮的中毒者只能进行口对口的人工呼吸,不能进行压胸或压背法的人工呼吸。

(6) 人工呼吸持续的时间以恢复自主性呼吸或到伤员真正死亡时为止。当救护队来到后,转由救护人员用苏生器苏生。

2. 对外伤人员的急救

对烧伤人员、出血人员和骨折人员,分别采用包扎创面、止血和骨折临时固定等急救措施,然后迅速送到地面,送往医院救治。

3. 对溺水者的急救

突水中,人员溺水时,可能造成呼吸困难而窒息死亡。应采取如下措施急救:

(1) 转送:把溺水者从水中救出后,立即送到比较温暖和空气流动的地方,松开腰带,脱掉湿衣服，盖上干衣服保暖。

(2) 检查：检查溺水者的口鼻，如果有泥水和污物堵塞，应迅速清除，擦洗干净，以保持呼吸道通畅。

(3) 控水：将溺水者取俯卧位，用木料、衣服等垫在其肚子下面；施救者左腿跪下，把溺水者的腹部放在右侧大腿上，使其头朝下；按压其背部，迫使水从体内流出。

(4) 上述控水效果不理想时，应立即做俯卧压背法人工呼吸或口对口吹气，或胸外心脏按压。

4. 对触电者的急救

(1) 立即切断电源，或使触电者脱离电源。

(2) 迅速观察伤员有无呼吸和心跳。如发现已停止呼吸或心音微弱，应立即进行人工呼吸或胸外心脏按压。

(3) 若呼吸和心跳都已停止，应同时进行人工呼吸或胸外心脏按压。

(4) 对遭受电击者，若有其他损伤，如跌伤、出血等，应做相应的急救处理。

5. 对冒顶埋压人员现场急救

(1) 扒伤员时须注意不要损伤人体。靠近伤员身边时,扒掘动作要轻巧稳重,以免对伤员造成伤害。

(2) 如果确知伤员头部位置,应先扒去其头部煤岩块,以使头部尽早露出来。头部扒出后,要立即清除口腔、鼻腔的污物。与此同时扒身体其他部位。

(3) 此类伤员常常发生骨折,因此在扒掘与抬离时必须十分小心。严禁用手去拖拉伤员双脚或用其他粗鲁动作,以免增加伤势。

(4) 当伤员呼吸困难或停止呼吸时,可进行口对口人工呼吸。

(5) 有大出血者,应立即止血。

(6) 有骨折者,应用夹板固定。如怀疑有脊柱骨折的,应该用硬板担架转运,千万不能由人扶持或抬运。

(7) 转运时须有医务人员护送,以便对发生的危险情况给予急救。

6. 对长期被困在井下的人员急救

（1）严禁用矿灯照射遇险者的眼睛，应用毛巾、衣服片、纸张等蒙住其眼睛。

（2）用棉花或纸张堵住双耳。

（3）注意保暖。

（4）不能立即升井，应将其放在安全地点逐渐适应环境和稳定情绪。待情绪稳定，体温、脉搏、呼吸及血压等稍有好转后，方可升井送医院。

（5）搬运时要轻抬轻放、缓慢行走，注意伤情变化。

（6）升井后和治疗初期，劝阻亲属探视，以免伤员过度兴奋发生意外。

（7）不能让其吃过量或硬的食物，限量吃一些稀软、易消化的食物，使肠胃功能逐渐恢复。

第八章　顶板事故防治与应急避险

安全提示：顶板事故虽然通常不如瓦斯爆炸、水灾、火灾等事故造成的影响范围大，但其在煤矿井下非常常见，常导致伤亡事故，因此煤矿职工应认真学习顶板事故的防治和应急避险知识，保障自身的安全。

第一节　顶板事故的分类、特点及原因

煤矿顶板事故按地点可以分为采煤工作面(采场)冒顶、掘进工作面冒顶以及其他地点冒顶3种。绝大多数顶板事故都发生在采煤工作面。

顶板事故的分类、特点及原因

第二节　顶板事故的预防

主要预防措施有：

（1）合理进行工程布置。

（2）采取有效的支护措施。

（3）及时处理局部漏顶，以免引起大范围冒顶。

（4）坚持敲帮问顶及围岩观测分析制度，在进入采掘工作面装煤、支护前、装药前、爆破后等关键环节，要坚持敲帮问顶，处理已离层的顶板，如果处理不下来，应先进行临时支护。

（5）严格按照规程、措施作业。严禁空顶作业，所有支架必须架设牢固，严禁在浮煤或浮矸上架设支架。

顶板事故的预防

第三节　顶板冒落的预兆

冒顶事故的预兆主要有：

(1) 响声。顶板连续发出断裂声，这是由于直接顶和基本顶发生离层，或顶板切断发出的声音。有时采空区内顶板发出像闷雷的声音，这是基本顶和上方岩层产生离层或断裂的声音。岩层下沉断裂、顶板压力急剧加大时，支架会发出很大的声响。

(2) 掉渣。顶板岩石已有裂缝和碎块，其中小矸石稍受震动就掉落。这种掉渣一般由少逐渐增多，由稀而变密。

(3) 片帮。冒顶前煤壁所受压力增加，变得松软，片帮煤比平时多。

(4) 漏顶。破碎的伪顶或直接顶，在大面积冒顶以前，有时因为背顶不严或支架不牢而出现漏顶。

(5) 裂缝。顶板的裂缝张开，裂缝增多。

(6) 脱层(离层)。检查顶板是否脱层要用

“敲帮问顶”的方法，如果声音清脆，表明顶板完好；如果顶板发出“空空”的响声，说明上下岩层已经脱离。

(7) 瓦斯涌出量突然增大。

(8) 顶板淋水增大。

顶板冒落的预兆

第四节 冒顶事故的应急避险

(1) 迅速撤离。当发现工作地点有即将发生冒顶的征兆而当时又难以采取措施防止顶板冒落时,要迅速离开危险区,撤退到安全地点。

(2) 及时躲避。当冒顶发生又来不及撤至安全地点时,应靠煤帮贴身站立避灾,但要注意煤壁片帮伤人;如靠近木垛,也可撤至木垛处避灾。

(3) 立即求救。冒落基本稳定后,遇险人员应立即采用呼叫、敲打(不要敲打对自己有威胁的支架、物料和岩块)等方法,发出有规律、不间断的求救信号,以便撤离的人员了解灾情,组织力量进行抢救。

(4) 自救和互救。事故发生后,遇险人员要听从灾区区队长、班组长和有经验的老工人的指挥,在保证安全的前提下,积极开展自救和互救。正视已发生的灾害,注意保持自己的体力,未受伤和受轻伤人员,要采取切实可行的措施设法营救被掩埋人员,并尽可能脱离险区或转移到较安全地点等待救援。

(5) 配合营救。发生冒顶埋人事故时，被埋压的人员不要惊慌失措，切忌猛烈挣扎；被隔堵的人员应在遇险地点维护好自身安全，构筑脱险通道，配合外部的营救工作。

冒顶事故
应急避险

(6) 现场安全负责人应根据现场实际情况采取果断措施进行处理，当无法处理时，要迅速带领人员撤离，防止事故扩大。

第五节　冒顶事故的处置

一、采煤工作面冒顶处置措施

(1) 当冒落的煤、矸埋压住人时，不可惊慌，应在区队长、班组长和有经验的老工人的指挥下，严密监视冒落的顶板及两帮情况，加固冒顶处 10 m 范围内支护。用长柄工具捣掉悬矸、危岩后，由有经验的工人由外向里进行支护，动作要迅速，并设专人观察顶板。留好退路，严防顶板继续冒落伤人，组织人力积极抢救被埋人员。

(2) 抢救时仔细侦察，分析遇险者位置和被压情况，尽量不破坏冒落矸石的堆积状态，小心搬开煤、矸救出伤员，严禁用锹、镐等强挖硬砸。

(3) 救出伤员后及时采取止血、包扎、骨折固定等救护措施，发生休克的要立即进行人工呼吸等现场救助并迅速送往医院。

(4) 若垮落、冒顶将人员堵在独头巷道时，被堵人员要沉着、冷静，不要慌乱、不要乱喊乱叫，要镇静，并设法自救。

(5) 若冒顶面积大，处理时间长，被堵人员要静卧休息，减少氧气消耗，有压风管路时可打开阀门，放入空气供人呼吸。节约矿灯电量、食物和水。若冒落的煤和矸不太大，可能扒出通道口，应由有经验的老工人监视顶板，其他人员轮流擢扒冒落煤、矸进行自救，并间断性地敲击金属物发出求救信号。

二、掘进、巷修工作面冒顶处置措施

(1) 当发生顶板冒顶事故时，现场人员不可惊慌，要在区队长、班组长和有经验的老工人指挥下，严密监视顶板及两帮的情况，在确保安全的前提下立即加强、加固冒顶处 10 m 范围内的支护。

（2）处理冒顶时，要用长钎子捣掉可能冒落的悬矸、危岩后，由有经验的老工人由外向里进行支护。一般采用架设木垛的方法，在没有冒落危险的情况下，设专人观察顶板，留好退路，迅速架好支架，排好护顶木垛，一直到冒顶最高点将顶托住。

（3）当冒落的煤、岩石埋压住人员时，要仔细侦察、分析遇险人员的位置和被埋压情况，在安全的前提下组织抢救工作。抢救中要尽量不破坏冒落岩石的堆积状态，小心搬开冒落的岩石，严禁使用锹、镐等强挖硬砸，以防对埋压人员造成二次伤害。

（4）救出的伤员要及时采取止血、包扎、骨折固定等急救措施，发生休克的要立即进行人工呼吸等现场救助并迅速送往医院。

（5）若冒落的矸石将人员堵在独头巷道内时，被堵人员要沉着、冷静，不要乱喊乱叫。若冒顶面积大，处理的时间长时，被堵人员应立即静坐休息，注意节约矿灯电量、食品和水，减少氧气消耗，保持足够的体力。有压风管的要打开压风阀门，保持良好的通风。若冒顶不太大，被堵人员应在区队长、班组长和有经验的老工人指挥下，专人监视顶板情况，采用轮番进行攉扒冒落岩石的方法组织自救，并间断性地敲打铁管、钢轨等发出呼救信号，等待救援。

（6）当冒顶的范围大，影响通风或人员被堵，可采用小断面快速修复的方法，架设比原来巷道规格小得多的临时支护，采用撞楔法把冒落的岩石控制住，从巷道两侧清理岩石，且边清理边维护，防止煤、矸流入巷道。帮顶维护好后，就可以架设永久支护。

（7）当冒顶的长度大，不易处理时，可采用打绕道的方法，绕过冒落区去抢救被堵人员，或绕过冒落区后再转入正常掘进。

冒顶事故的处置

第六节　冒顶事故救援注意事项

冒顶事故救援
注意事项

【案例】 2021年11月10日，某股份有限公司某煤矿发生一起较大顶板事故，造成4人死亡，直接经济损失744.4万元。

(1) 事故原因分析

该煤矿110702回风联络斜巷处于地质构造带,作业人员空顶维修作业导致顶板失稳、冒落。

(2) 事故主要教训

① 违章指挥,违规安排维修作业。该煤矿在没有编制维修安全技术措施的情况下,违章指挥,擅自打开密闭组织维修作业。

② 风险研判意识不强。该煤矿未分析110702回风联络斜巷遇地质构造、前期顶板已冒落、巷道超高不易支护的风险,未采取有针对性的安全措施,违章空顶作业。

③ 安全管理不到位。除配备9名安全管理人员外,没有配备其他工程技术人员;特种作业人员配备不齐,事故地点当班没有安全员;隐患排查治理工作流于形式,未及时消除事故隐患。未按规定组织从业人员进行入职培训。违规使用已淘汰的木支护。

④ 不按规定报告事故,贻误事故抢救时机,冒然组织抢险救援,导致发生次生灾害。

学习任务卡

任务一:请结合你所在作业地点或施工地点的作业规程或《施工安全技术措施》,找到顶板事故的避灾路线,并将避灾路线简要地画在下面。

任务二：请走访你所在单位曾经在顶板事故中成功脱险的人员或培训教师，谈一谈遇到顶板事故时应怎样避险。请写在下面。

任务三：请留意你所在工作地点的避难硐室、压风自救装置等的位置，向老员工或培训教师请教学习相关使用方法。

第九章　水灾事故防治与应急避险

第一节　矿井水灾的特点与类型划分

矿区内大气降水、地表水、地下水通过各种通道涌入井下，成为矿井涌水。当矿井涌水量超过矿井正常排水能力时即会发生水患，称为矿井水灾，通常也称为透水。

煤矿水害是指发育于主要开采煤层顶底板直接或间接含水层中的水，在矿井采掘过程中通过天然或人为扰动的导水通道进入矿井，并给矿井带来灾害的过程和结果。

1. 突水的特点

(1) 突发性强，无明显前兆；

(2) 水量增速快，灾害控制难度大；

(3) 突水往往具有滞后性，容易造成误解；

(4) 突水量与过水通道有相互促进现象。

2. 按水源划分的各种水害类型

(1) 顶板裂隙水水害:水源为砂岩、砾岩等裂隙含水层的水。当煤层顶部有厚层砂岩和砾岩丰富含水层,在裂隙发育时,若与上覆第四系冲积层发生水力联系时,极可能导致较大突水事故。

(2) 底板灰岩水水害:在掘进或回采过程中,由于揭露导水断层、过导水灰岩陷落柱、煤层底板隔水层厚度变小或裂隙发育等,常常引起底板突水,造成淹面或淹井。

(3) 断裂构造水害:断层水即断裂带的积水,断层面通常还与不同的含水层连通,甚至与地表水相通。断层水的危害极大。

(4) 老空积水水害:由于预测预报不准或探放老空积水不彻底,当采掘巷道接近或遇到老空积水区时,引发大量老空水短时间内涌出,由于来势凶猛,常造成恶性事故。

(5) 封闭不良钻孔水害:封闭不良的钻孔就是一个良好的导水通道,它可以沟通钻孔所穿过的所有含水层和地表水而发生水害事故。

(6) 地表水水害:地表水通过采后冒落带、岩溶塌陷坑、断层带及封闭不良钻孔导入井下；或因工作面超限回采，破坏冲积层下防隔水煤柱，导致冲积层水和地表水溃入采煤工作面。

（7）洪水水害：特大暴雨、洪水冲毁工业广场，造成泄水不畅，水位急速抬高，洪水从井口直接溃入井下。

矿井水灾的特点

第二节　水灾事故的预防

防治水工作要坚持以防为主，防治结合以及当前和长远、局部与整体、地面与井下、防治与利用相结合的原则；坚持“预测预报、有疑必探、先探后掘、先治后采”的十六字方针；落实“探、防、堵、疏、排、截、监”七项措施，根据不同的水文地质条件，采用不同的防治方法，因地制宜，统一规划，综合治理。

矿井水灾
防治措施

第三节　水灾事故的预兆

（1）挂红。在煤（岩）裂隙表面附着有暗红色的水锈。

（2）挂汗。煤（岩）壁上凝结有水珠，说明此时巷道接近积水区。但有时空气中的水分遇到低温煤（岩）壁也会挂汗，这是一种假象。所以，遇到挂汗时，要辨别真伪，其辨别方法是剥去一薄层，观察新暴露面是否也有潮气，若有则是透水预兆。

（3）空气变冷。工作面接近大量积水时，气温骤降，煤壁发凉，人一进去就有阴冷的感觉，时间愈长愈感到阴凉。

（4）出现雾气。当巷道温度很高时，积水渗到煤壁后引起蒸发而形成雾气。

（5）水叫。采煤工作面若在煤壁、岩层内听到“吱吱”的水叫声，说明已接近高压积水区。若是煤巷掘进，则透水即将发生，这时必须立即发出警报，撤出所有受水威胁的人员。

（6）煤层变湿、淋水加大。这表明已接近积水区。

违章指挥

(7) 顶板来压、片帮、底板鼓起。

(8) 水色发浑，有臭味。这是接近老空区积水的象征。

(9) 钻孔喷水、煤壁溃水。

(10) 裂缝出现渗水。如果出水清净，则离积水区较远；若出水混浊，则离积水区已近。

(11) 煤层变潮湿、松软；煤帮出现滴水、淋水现象，且淋水可由小变大；有时煤帮出现铁锈色水迹。

（12）工作面气温降低，或出现雾气及硫化氢气味。

（13）有时可听到水的“嘶嘶”声。

（14）矿压增大，发生片帮冒顶及底鼓。

水灾事故的预兆

第四节　水灾事故的应急避险

矿井发生突水事故时，要根据灾情迅速采取以下有效措施进行紧急避险：

（1）在突水迅猛、水流急速的情况下，现场人员应立即避开出水口和泄水流，躲避到硐室内、拐弯巷道或其他安全地点。如情况紧急来不及转移躲避时，可抓牢棚梁、棚腿或其他固定物体，防止被涌水打倒和冲走。

(2) 当老空水涌出，使所在地点有毒有害气体浓度增高时，现场职工应立即佩戴好自救器。在未确定所在地点空气成分能否保证人员生命安全时，禁止任何人随意摘掉自救器的口具和鼻夹，以避免中毒窒息事故发生。

(3) 井下发生突水事故后，决不允许任何人以任何借口在不佩戴防护器具的情况下冒险进入灾区。否则，不仅达不到抢险救灾的目的，反而会造成自身伤亡、扩大事故。

(4) 水害事故发生后，现场及附近地点工作的人员在脱离危险后，应在可能的情况下迅速观察和判断突水的地点、涌水的程度、现场被困人员的情况等，并立即报告矿井调度室。同时，应利用电话或其他联络方式及时向下部水平和其他可能受到威胁区域的人员发出警报。

(5) 如因涌水来势凶猛、现场无法抢救或者将危及人员安全时，井下职工应沿着规定的避灾路线和安全通道迅速撤退到上部水平或地面。

(6) 突水初期，水势很猛，冲力很大，人员撤退时一定要注意向高处走,沿着上山方向进入上一个水平,然后出井。

(7) 在撤退中,如出路已被水隔断,就要寻找井下位置最高、离井筒和大巷最近的地点暂时躲避;同时定时在钢轨和水管上敲打发出求救信号。

(8) 如突水区设有水闸门,在人员撤出后,要立即紧紧关死水闸门,把水流完全隔断。

(9) 水泵房人员在接到突水事故报警后,要立即关闭泵房两侧的密闭门,启动所有水泵,把突出的水尽快排出;没接到撤退命令,绝对不可离开工作岗位。

(10) 遇险人员在行进中应靠近巷道一侧,抓牢支架或其他固定物体,尽量避开压力水头和泄水主流,并注意防止被水中滚动的矸石和木料撞伤。

(11) 如透水破坏了巷道中的照明和路标,迷失了行进方向时,遇险人员应朝着有风流通过的上山巷道方向撤退。

(12) 在撤退沿途和所经过的巷道交叉口,应留设指示行进方向的明显标志,以提示救护人员注意。

(13) 撤退到竖井需从梯子间上去时，应遵守秩序，不要慌乱和争抢。行动中手要抓牢，脚要蹬稳，切实注意本人和他人安全。

(14) 撤退中，如唯一出口被堵塞无法撤退时，应有组织地在独头工作面躲避，等待救护人员营救，严禁盲目潜水等冒险行为。

(15) 被困期间断绝食物后，即使在饥饿难忍的情况下，也应努力克制自己，绝不嚼食杂物充饥。需要饮用井下水时，选择适宜的水源，并用纱布或衣服过滤。

(16) 长时间被困井下，发现救护人员到来营救时，不可过度兴奋和慌乱。

水灾事故
应急避险

第五节　水灾事故救援注意事项

水灾事故救援
注意事项

【案例】2021 年 4 月 10 日，某煤矿在回风顺槽钻场施工探放水钻孔时发生透水事故。此次事故造成 21 人死亡，直接经济损失 7 067.2 万元。

(1) 事故原因分析

该煤矿违章指挥、冒险组织掘进作业，在相邻煤矿老空积水压力和掘进扰动作用下，相邻煤矿老空水溃入该煤矿回风顺槽，造成重大透水淹井事故。

(2) 事故主要教训

① 拒不执行停产指令。该煤矿在隐患未整改完毕、煤矿安全监管部门明确不予批准复工的情况下，擅自恢复掘进作业。

② 违章指挥冒险作业。在掘进面出现明显透水征兆后未及时撤人，继续冒险组织掘进作业。

③ 安全管理不到位。未查明井田范围内及周边采空区、老窑分布范围及积水情况，边探放水边掘进，探放水工作未按相关规定的要求进行，抢工期、赶进度，违规下达掘进进尺指标，上级公司管理层级多、安全管理弱化。

④ 技术服务机构出具报告与事实不符。承担该煤矿技术服务业务的有关单位未认真履行职责，技术文件审批把关不严，出具报告与实际不符。

⑤ 地方安全监管不到位。对该煤矿防治水隐患未跟进监督整改。

学习任务卡

任务一：请结合你所在作业地点或施工地点的作业规程或《施工安全技术措施》，找到水灾事故的避灾路线，并将避灾路线简要地画在下面。

任务二：请走访你所在单位曾经在水灾事故中成功脱险的人员或培训教师，谈一谈遇到水灾事故时应怎样避险。请写在下面。

任务三：请留意你所在工作地点的避难硐室、压风自救装置等的位置，向老员工或培训教师请教学习相关使用方法。

第十章 火灾事故防治与应急避险

第一节 矿井火灾与类型

一、矿井火灾

凡是发生在煤矿井下或地面井口附近，能够危害到矿井安全生产的火灾，称为矿井火灾。

二、矿井火灾类型

根据引起矿井火灾的火源不同，一般把矿井火灾分为外因火灾和内因火灾。

1. 外因火灾

外因火灾突然发生、火势凶猛、可防性差，可能发生在井下任何地点，但多数发生在井口房、井筒、机电硐室、火药库以及安装有机电设备的巷道或工作面内，如果不能及时处理，往往可能酿成重大事故。

2. 内因火灾

内因火灾又称自燃火灾，是由于煤炭自身氧

化积热、发生燃烧引起的火灾。内因火灾大多数发生在采空区、遗留的煤柱、破裂的煤壁、煤巷的冒高处以及浮煤堆积的地点。

火灾事故的分类及发生条件

第二节　火灾事故的预防

煤炭自燃的预防措施

外因火灾的预防措施

第三节　煤炭自燃的预兆

煤矿内因火灾事故隐患主要表现为煤炭自然发火。煤炭自燃的初期预兆有如下几种：

（1）巷道内湿度增加，出现雾气、水珠。

（2）煤炭自燃放出焦油味。

（3）巷道内发热，气温升高。

（4）人有疲劳感。

煤炭自燃的预兆

第四节　矿井火灾灭火方法

煤矿灭火方法有直接灭火、隔绝灭火和封闭

火区等方法。

1. 直接灭火

(1) 采用灭火剂或挖出火源等方法把火直接扑灭。

(2) 消除可燃物,煤矿常用的是挖除火源。

(3) 用凝胶处理高温点和自燃火源。

(4) 灌浆灭火。

2. 隔绝灭火

当火源太大不能直接将火扑灭时,为了迅速控制火势,使其熄灭,可在通往火源的所有巷道内砌筑密闭墙,使火源与空气隔绝。

3. 封闭火区

封闭火区的方法分为三种:

(1) 锁风封闭火区。从火区的进回风侧同时密闭,封闭火区时不通风。这种方法适用于氧气浓度低于瓦斯爆炸界限(＜12％)的火区。

(2) 通风封闭火区。在保持火区通风的条件下,同时构筑进回风两侧的密闭。

(3) 注惰性气体封闭火区。

矿井火灾灭火方法	二氧化碳灭火器使用方法	干粉灭火器使用方法
水基型灭火器使用方法	消火栓使用方法	

第五节　火灾事故的应急避险

(1) 井下若发现烟气或明火等火灾灾情，应立即通知在附近工作的人员及调度室。

(2) 如果火灾不大，应立即组织力量扑灭。

(3) 如果火灾范围大或火势凶猛，则应在撤出灾区人员、保证自身安全的前提下，采取稳定风流、控制火势发展、防止人员中毒和预防瓦斯或煤尘爆炸的措施，并随时保持与地面指挥部的联系，根据指挥部的命令行事。

(4) 见到火或突然接到火警通知，需要立即撤退人员，要在判明灾情和自己实际处境以及应采取的应急措施的前提下再采取行动。

火灾事故
应急避险

第六节　火灾事故安全撤离注意事项

发生火灾事故时，如果不能直接扑灭或控制灾情，应迅速撤离火灾现场，撤离时要注意以下事项：

（1）要尽最大可能迅速了解或判明事故的性质、地点、范围和事故区域的巷道情况、通风系统、风流、火灾烟气蔓延的速度和方向，以及与自己所处巷道位置之间的关系，并根据矿井灾害预防与事故处理计划和现场实际情况确定撤退路线和避灾自救方法。

（2）撤退时，任何人无论在任何情况下都不要惊慌、不能狂奔乱跑，应在现场负责人和有经验的老工人带领下有组织地撤退。位于火源进风侧的人员，应迎着新鲜风流撤退。位于火源回风侧的人员或是在撤退途中遇到烟气有中毒危险时，应迅速佩戴好自救器，尽快通过捷径绕到新鲜风流中去，或是在烟气没有到达之前顺着风流尽快从回风出口撤到安全地点；如果距火源较近而且越过火源没有危险时，也可迅速穿过火区撤到火源的进风侧。

（3）如果在自救器有效工作时间内不能安全撤出时，应在设有存储备用自救器的硐室换用自救器后再行撤退，或是寻找有压风管路系统的地点以压缩空气供呼吸之用。

(4) 撤退行动既要迅速果断又要快而不乱。撤退中应靠巷道有联通出口的一侧行进，避免错过脱离危险区的机会，同时还要随时注意观察巷道和风流的变化情况，谨防火风压可能造成的风流逆转。

(5) 如果逆风和顺风撤退都无法躲避着火巷道或火灾烟气造成的危害，则应迅速进入避难硐室，没有避难硐室时应在烟气袭来之前选择合适的地点就地利用现场条件快速构筑临时避难硐室，进行避灾自救。

【案例】2020 年 9 月 27 日，某煤矿二号大倾角胶带发生火灾，事故造成 16 人死亡、42 人受伤，直接经济损失 2 501 万元。

(1) 事故原因分析

该煤矿二号大倾角运煤上山胶带下方煤矸堆积，起火点－63.3 m 标高处回程托辊被卡死、磨穿形成破口，内部沉积粉煤。磨损严重的胶带与起火点回程托辊滑动摩擦产生高温和火星，点燃回程托辊破口内积存的粉煤。带式输送机运转监护工发现胶带异常情况，电话通知地面集控中心停止胶带运行，紧急停机后静止的胶带被引燃，因胶带阻燃性能不合格、巷道倾角大、上行通风，火势增强，引起胶带和煤混合燃烧。火灾烧毁设备，破坏通风设施，产生的有毒有害高温烟气快速蔓延至 2324-1 采煤工作面，造成重大人员伤亡事故。

(2) 事故主要教训

① 该煤矿重效益轻安全。该矿职工已经检查出二号大倾角胶带巷浮煤多，下托辊、上托架损坏变形严重等问题和隐患，并向矿长等管理人员进行了汇报，但矿长为不影响矿井正常生产未立即停产，而是计划在国庆节停产检修期间更换，并要求整治工作不能影响胶带运煤。

② 该煤矿安全管理混乱。二号大倾角运煤上山胶带防止煤矸洒落的挡矸棚维护不及时，变形损坏，胶带运行中撒煤严重，胶带下部煤矸堆积多、掩埋甚至卡死下托辊，少数下托辊被磨平、磨穿，已磨损严重的胶带与卡死的下托辊滑动摩擦起火。

③ 煤矿没有按规定统一管理、发放自救器，有的自救器压力不够。

④ 上级单位督促该煤矿安全生产管理责任落实不到位，对所属煤矿安全实行四级管理，职能交叉、职责不清，责任落实层层弱化。

学习任务卡

任务一：请结合你所在作业地点或施工地点的作业规程或《施工安全技术措施》，找到火灾事故的避灾路线，并将避灾路线简要地画在下面。

任务二：请走访你所在单位曾经在火灾事故中成功脱险的人员或培训教师，谈一谈遇到火灾事故时应怎样避险。请写在下面。

任务三：请留意你所在工作地点的避难硐室、压风自救装置等的位置，向老员工或培训教师请教学习相关使用方法。

第十一章　瓦斯事故的防治与应急避险

第一节　瓦斯爆炸及其预防

瓦斯爆炸就是瓦斯（主要成分是甲烷，即 CH_4）在高温火源的作用下，与空气中的氧气发生剧烈的化学反应，生成二氧化碳和水蒸气，同时产生大量的热量，形成高温、高压，并以极高的速度向外冲击而产生的动力现象。

一、瓦斯爆炸发生的条件

瓦斯发生爆炸必须具备三个基本条件：一是瓦斯浓度在爆炸界限内，一般为 5%～16%；二是混合气体中氧气的浓度不小于 12%；三是有足够能量的点火源，温度 650～750 ℃。三个条件同时满足时才会发生瓦斯爆炸，缺一不可。

二、预防瓦斯爆炸的措施

预防瓦斯爆炸应从瓦斯爆炸的三个条件入

手，即设法防止瓦斯积聚和出现引火火源；同时一旦出现瓦斯爆炸，还要设法防止爆炸事故扩大。

（1）防治瓦斯积聚的措施。瓦斯积聚是指在 0.5 m^3 及以上空间中瓦斯浓度达到 2%及以上的现象。防止瓦斯积聚要落实瓦斯防治“十二字方针”——先抽后采、监测监控、以风定产，从源头上消除瓦斯。防止瓦斯积聚的基本方法如下：① 加强通风；② 加强瓦斯浓度和通风情况的检查；③ 及时处理局部积聚的瓦斯。

（2）防止瓦斯引燃的措施：① 防止明火；② 防止电火花；③ 防止爆破引燃瓦斯；④ 防止机械摩擦、冲击产生火花。

（3）限制瓦斯爆炸范围扩大的措施：

① 实行分区通风。

② 通风系统力求简单。

③ 装有主要通风机的出风井口应安装防爆门，以防止发生爆炸时通风机被毁坏，造成救灾和恢复生产困难。

④ 开采有煤尘、瓦斯爆炸危险的矿井，都必须用水棚或岩粉棚隔开。

⑤ 每年必须由矿技术负责人组织编制矿井灾害预防和处理计划。

瓦斯的危害与瓦斯爆炸

瓦斯爆炸防治措施

第二节 瓦斯爆炸事故的应急避险

（1）当灾害发生时一定要镇静，不要惊慌失措、乱喊乱跑。当听到或感觉到爆炸声响和空气冲击波时，应立即背朝声响和气浪传来方向，脸朝下、双手置于身体下面、闭上眼睛迅速卧倒。头部要尽量低，有水沟的地方最好趴在水沟边上，或趴在坚固的障碍物后面。

（2）立即屏住呼吸，用湿毛巾捂住口鼻，防止吸入有毒的高温气体，避免中毒和灼伤气管和内脏。

(3) 用衣服将自己身上的裸露部分尽量盖严，以防火焰和高温气体灼伤皮肉。

(4) 迅速戴好自救器，以防止吸入有毒气体。

(5) 高温气浪和冲击波过后应立即辨别方向，从最短的距离进入新鲜风流中，并按照避灾路线尽快逃离灾区。

(6) 已无法逃离灾区时，应立即选择进入避难硐室中，充分利用现场的一切器材和设备来保护人员和自身安全。进入避难硐室后要注意安全，最好找到离水源近的地方，设法堵好硐口，防止有害气体进入。注意节约矿灯用电和食品，室外要做好标记，有规律地敲打连接外部的管子、轨道等，发出求救信号。

瓦斯爆炸事故的应急避险

【案例】 2020 年 10 月 20 日，某煤业公司发生一起瓦斯爆炸事故，事故造成 4 人死亡、1 人受伤，直接经济损失 1 073 万元。

(1) 事故原因分析

该煤业公司所开采的 15# 煤层属于突出煤层，煤层瓦斯含量达到 11 m^3/t，具备向旧切眼大量涌瓦斯的条件，其东、西密闭墙工程质量差，没有完全切断旧切眼风流，存在漏风，且旧切眼两端存在风压差，新鲜风流以小流量、低风速方式进入旧切眼，与 15# 煤层涌入旧切眼内积聚的瓦斯混合而形成瓦斯爆炸所需的气体条件。旧切眼内顶板突然垮落或快速变形，造成顶板锚网支护的托盘、锁具快速脱锚产生的摩擦火花，或者快速脱锚的托盘、锁具与巷道内的金属物体(单体液压支柱、支柱顶梁、抽采管等)碰撞产生的冲击火花，引起瓦斯爆炸，产生冲击波导致事故发生。

(2) 事故主要教训

① 密闭墙不合格。密闭墙不按标准设计，现场施工无人监督，密闭验收流于形式。

② 安全风险辨识管控不到位。未对封闭废弃切眼内存在的冒顶、爆炸等安全风险进行辨识，未将质量不合格的密闭墙纳入风险管控范围。

③ 上级公司监督检查不到位，对该煤业公司密闭墙设计、施工、验收工作中存在的问题隐患失管失察。

第三节　煤与瓦斯突出及其预防

煤与瓦斯突出是指在压力作用下，破碎的煤与瓦斯由煤体内突然向采掘空间大量喷出，是一种瓦斯特殊涌出。

一、煤与瓦斯突出的预兆

(1) 无声预兆。工作面顶板压力增大，使支架变形、煤壁外鼓、片帮、掉渣、顶板下沉或底板鼓起，煤层层理紊乱，煤暗淡无光泽，煤质变软，瓦斯涌出量异常或忽大忽小，煤壁发凉，打钻时有顶钻卡钻、喷瓦斯等现象。

（2）有声预兆。煤层在变形过程中发出劈裂声、闷雷声、机枪声、响煤炮，声音由远到近、由小到大，有短暂的、有连续的，间隔时间长短也不同，煤壁发生震动和冲击，顶板来压，支架发出断裂声。

特别注意：任何一次突出前，并不是所有预兆都出现，仅出现其中一种或数种，而且有的预兆还不明显；也有的预兆距发生突出的时间很短。因此发现任何预兆，都要格外警惕，及时报告并躲避。

煤与瓦斯
突出的预兆

二、煤与瓦斯突出的危害

发生煤与瓦斯突出时，大量的煤与瓦斯在短时间内向采掘空间突然喷出，突出的煤流或岩石流抛出会掩埋井下作业人员、堵塞巷道，造成风流逆转，破坏井下设施、设备和通风系统，且井巷中充满高浓度瓦斯会引起人员缺氧窒息死亡。当突出瓦斯与新鲜风流汇合后，遇到火源还可能产生燃烧或爆炸使灾害事故扩大。

三、煤与瓦斯突出事故的预防

防突工作必须坚持“区域综合防突措施先行、局部综合防突措施补充”的原则，按照“一矿一策、一面一策”的要求，实现“先抽后建、先抽后掘、先抽后采、预抽达标”。突出煤层必须采取两个“四位一体”综合防突措施，做到多措并举、可保必保、应抽尽抽、效果达标，否则严禁采掘活动。对于预防和治理煤与瓦斯突出的各种措施和方法，必须根据具体条件合理选择，应遵守以下各项规定：

(1) 在突出地点工作的人员，必须经过专门训练，掌握防治突出的基本知识，熟悉突出的各种预兆和井下的避灾路线。

(2) 突出煤层采掘工作面都必须有独立的通风系统，并设专人检查瓦斯。该区域要安设直通矿调度室的电话，发现有突出危险时，立即撤出人员。

(3) 在突出危险区工作的人员必须佩戴隔离式自救器。

(4) 在有突出危险的煤层中进行采掘工作时，在一个或相邻的两个采区中，同一煤层的同一区段，禁止布置两个工作面同时相向回采，禁止两个工作面同时相向掘进。

(5) 在有突出危险煤层中的掘进工作面,应在其进风侧的巷道中设置两道坚固的反向风门,并保持回风巷道畅通无阻。

(6) 在突出煤层的采掘工作面附近的进风巷中,必须设置有供给压缩空气的避难硐室或压风自救装置。

煤与瓦斯突出事故的预防

第四节 煤与瓦斯突出事故的应急避险

(1) 立即撤离现场。井下现场作业人员要了解煤与瓦斯突出的一般规律,掌握突出的预兆。在现场根据以上知识,当出现突出预兆时,立即撤离现场,决不犹豫。

（2）迅速佩戴隔离式自救器。《煤矿安全规程》规定：入井人员必须随身携带额定防护时间不低于 30 min 的隔离式自救器。

（3）预防延期突出。现场作业人员必须做到：只要出现突出预兆立即撤退到安全地点，待确认不会发生突出后再返回现场进行作业。

煤与瓦斯突出事故的应急避险

（4）安全撤退，妥善避灾。撤退安全距离与突出强度有关，要按照矿井防突措施的规定撤到安全地点。

【案例】2021 年 4 月 9 日 8 时 50 分左右，某煤矿井下发生煤与瓦斯突出事故，造成 8 人死亡、1 人受伤，直接经济损失 1 238.22 万元。

（1）事故原因分析

该煤矿 10901 开切眼掘进工作面区域和局部防突措施不到位，预抽瓦斯钻孔未覆盖掘进区域，施工超前排放钻孔诱发煤与瓦斯突出。

（2）事故主要教训

① 隐瞒重大隐患，蓄意逃避监管。该煤矿采用将甲烷传感器放入压风自救袋或风筒内等方式人为造成甲烷传感器失效；隐瞒井下存在突出预兆的重大隐患，并在监管人员到矿检查时隐蔽现场真实情况。

② 区域防突措施不到位。掘进工作面已出现喷孔、顶钻等明显突出预兆后，未按规定重新执行区域防突措施。

③ 安全技术管理混乱。该煤矿未明确安全管理与岗位职责；未查明掘进工作面地质构造复杂等情况，未执行两个相向煤巷掘进工作面之间距离不得小于 60 m 的规定。

学习任务卡

任务一：请结合你所在作业地点或施工地点的作业规程或《施工安全技术措施》，找到瓦斯爆炸或煤与瓦斯突出事故的避灾路线，并将避灾路线简要地画在下面。

任务二：请走访你所在单位曾经在瓦斯爆炸或煤与瓦斯突出事故中成功脱险的人员或培训教师，谈一谈事故发生时应怎样避险。请写在下面。

任务三：请留意你所在工作地点的避难硐室、压风自救装置等的位置，向老员工或培训教师请教学习相关使用方法。

第十二章　煤尘爆炸事故的防治与应急避险

第一节　煤尘爆炸事故的危害及爆炸条件

矿井中风速过高会引起采掘工作面和运输巷道煤尘飞扬，风速过低产尘点产生的煤尘又会排不出去而增加浮尘量。带式输送机、刮板输送机各转载点如不采取有效防尘措施，也会造成煤尘飞扬。当煤尘含量达到爆炸临界点，遇电气设备漏电产生的火花、爆破产生的火焰等引爆火源时，就会发生煤尘爆炸事故。

一、煤尘爆炸事故的危害

(1) 煤尘爆炸时会产生高温、高压、有毒有害气体，造成人员伤亡、机械设备和巷道的破坏；强大的冲击波会造成风流逆转、通风系统紊乱，还可能引起其他地点连续爆炸。

(2) 采掘工作面及其回风巷发生煤尘爆炸事故时，将影响本采区；当引起连续爆炸时，将扩大影响范围，直至影响整个矿井；进风井附近发生煤尘爆炸事故时将影响其进风流中的所有工作地点，反风不及时将影响整个矿井。

煤尘爆炸
事故的危害

二、煤尘爆炸的条件

煤尘发生爆炸必须同时具备三个基本条件：一是煤尘本身具有爆炸性，而且浮游煤尘要达到一定浓度，即下限为 45 g/m³，上限为 1 500～2 000 g/m³；二是混合气体中氧气的浓度不小于 18%；三是有足够能量的点火源，温度在 610～1 050 ℃。

第二节 煤尘爆炸事故防治措施

（1）矿井开采新水平、新煤层，要及时对煤层进行煤尘爆炸性鉴定工作。根据鉴定结果采取相应的安全措施，将作业场所的煤尘降低到《煤矿安全规程》规定的浓度以下。

（2）建立煤尘监测制度，加强采掘工作面和主要场所的煤尘监测，消除煤尘隐患。

（3）加强巡查及管理，防止井下出现明火、爆破火焰、电气火花等引爆火源。

（4）按照“源头治理、科学防治”的原则，认真落实减尘、捕尘、洗尘有关规定。完善防尘洒水系统；采取湿式钻眼；使用水炮泥；爆破前后冲洗煤壁；爆破时采用高压喷雾或压气喷雾降尘；采掘面回风巷按规定安设自动控制风流净化水幕；转载点采用自动喷雾降尘或密闭尘源除尘器抽尘净化等措施。

煤尘爆炸事故的防治措施

第三节　煤尘爆炸事故的应急避险

发生煤尘爆炸事故后的危险区域，救援人员只能在救人的情况下才能进入，但必须采取有效措施，保证救援人员的安全。

(1) 如事故不能及时得到控制，或有扩大趋势，或抢救非常困难时，由指挥部决定是否请求外援。

(2) 井下发生煤尘爆炸事故时，一般有较大声响和较强的冲击波以及煤尘飞扬。如发生以上情况，立即采取如下措施：

① 无论任何人，凡发现灾害事故者，不论灾害程度如何、波及范围大小，都应立即向矿调度室汇报，并详细说明事故发生的地点、时间、类别、事故现场情况、冲击波的方向及事故可能波及的地点。

② 事故现场的区队长或工程技术人员及通风、安检部门人员应立即组织在场人员采取一切有效措施进行自救和抢险救灾，将事故消灭在初

发阶段。

③ 不能有效消除危险时，应立即组织灾区人员和受威胁区域的人员迅速沿避灾路线撤离。

④ 采煤工作面发生事故时，受灾人员要以事故区为中心，分别由上、下顺槽撤退，转入安全的进风巷道。

(3) 在发生煤尘爆炸事故，灾区人员无法迅速撤离时，应考虑下述方法避灾：

① 避灾人员要戴上自救器或用湿毛巾堵住嘴和鼻子，以隔绝火焰和防止高温有害气体的伤害，待爆炸冲击波过去后，迅速撤到安全地点。

② 不能撤离的人员迅速转入独头巷道(最好是岩石巷道)等安全地点，停止局部通风机，切断电源，断开风筒，堵住入口，防止有毒气体侵入。在躲避地点巷道口悬挂矿灯、工具并定时敲打管子、铁轨等发出呼救信号，等待救援。

③ 避灾地点若有压风管，可设法打开压风管路，以便向避难人员输送新鲜空气。

（4）调度室接到井下灾情报告后，立即通知矿山救护队赶赴现场实施救援。

（5）救护队到达现场后，要维持事故现场原状，经全面侦察后再采取措施。如果需要开动局部通风机供风时，必须请示指挥部后再确定，不能贸然行事。

（6）爆炸产生火灾，应同时进行灭火和救人，并应采取防止再次发生爆炸的措施。

（7）井筒、井底车场或石门发生爆炸时，在侦察确定没有火源、无爆炸危险的情况下，应派一个小队救人、一个小队恢复通风。如果通风设施损坏不能恢复,应全部去救人。

(8) 爆炸事故发生在采煤工作面时,派一个小队沿回风侧,另一个小队沿进风侧进入救人,在此期间必须维持通风系统原状。

(9) 井筒、井底车场或石门发生爆炸时,为了排除爆炸产生的有毒、有害气体,抢救人员应在查清确无火源的基础上,尽快恢复通风。如果有害气体严重威胁回风流方向的人员,为了紧急救人,在进风方向的人员已安全撤退的情况下,可采取区域反风。之后,矿山救护队应进入原回风侧引导人员撤离灾区。

(10) 在救灾过程中,应采取措施防止局部火灾或二次爆炸。

(11) 根据事故的变化情况,由指挥部决定及时改变处理方案。

(12) 严格停送电措施,防止事故扩大。

(13) 医院急救人员根据情况迅速带齐物品进行现场急救。

(14) 需要矿井反风时,由总指挥下达反风命令。

煤尘爆炸事故
的应急避险

【**案例**】2020 年 8 月 20 日 6 时 25 分，某煤矿发生较大煤尘爆炸事故，造成 7 人死亡、9 人受伤，直接经济损失 1 493.68 万元。

(1) 事故原因分析

该煤矿 35003 综放工作面采煤机截割过程中滚筒截齿与中间巷金属支护材料(锚杆、锚索、钢带)机械摩擦产生的火花，引燃截割中间巷松软煤体扬起的煤尘(悬浮尘)，导致煤尘爆炸。

(2) 事故主要教训

① 未按规程措施要求及时拆除巷道锚杆盘、钢带和锚索索具，也未及时拆除缠绕在采煤机滚筒上的锚索，滚筒带动缠绕的锚索旋转导致扬尘增加并产生火花。

② 防尘管理不到位。采煤机内喷雾堵塞未及时处理，推采过程中支架间喷雾、放顶煤喷雾不正常使用；未按设计进行煤层注水。

③ 安全风险管控不到位。35003 综放工作面变更设计后工作面形成一条中间巷，该煤矿辨识出工作面过中间巷煤尘爆炸风险后，管控措施针对性不强、落实不到位。

④ 技术管理不到位。编制 35003 综放工作面作业规程时，未考虑中间巷因素，揭露中间巷后，未及时修改作业规程，未对通风、防尘等相关内容进行补充完善。

学习任务卡

任务一：请结合你所在作业地点或施工地点的作业规程或《施工安全技术措施》，找到煤尘爆炸事故的避灾路线，并将避灾路线简要地画在下面。

任务二:请走访你所在单位曾经在煤尘爆炸事故中成功脱险的人员或培训教师,谈一谈遇到煤尘爆炸事故时应怎样避险。请写在下面。

任务三:请留意你所在工作地点的避难硐室、压风自救装置等的位置,向老员工或培训教师请教学习相关使用方法。

第十三章 煤矿机电运输事故防治

第一节 机电事故及其防治

机电事故是指由于机电设备出现故障或违章操作而引发的长时间停电、设备烧毁、人身触电等事故。

一、井下电网保护

煤矿井下电网的过电流保护、漏电保护和保护接地称为煤矿井下的“三大保护”，是保证井下供电安全的重要措施。

1. 过电流保护

过电流是指电气设备或电缆的实际工作电流超过其额定电流值。过电流会使设备绝缘老化，降低设备的使用寿命；烧毁电气设备、引发电气火灾或引起瓦斯、煤尘爆炸。常见的过电流现象有短路、过负荷和断相。过电流保护装置包括熔断保护、继电保护和电子式综合保护。

2. 漏电保护

漏电是指电气设备或电网绝缘电阻显著下降的现象。井下常见的漏电故障分为集中性漏电和分散性漏电 2 种。集中性漏电是指电网的某一处因绝缘破损导致漏电。分散性漏电是指因淋水、潮湿导致电网中某段线路或某些设备绝缘阻值下降至危险值而形成的漏电。漏电保护装置能迅速切断故障线路的电源,保证供电安全。

3. 保护接地

保护接地是指在变压器中性点不接地系统中,将电气设备正常情况下不带电的金属外壳与大地进行良好的电气连接,设置保护接地,可有效防止因设备外壳带电引起的人身触电事故。

二、触电事故及其预防

触电事故是人体触及带电体或接近高压带电体时,由于电流通过人体而造成的人身伤害事故。其主要伤害为电击和电伤。防止触电的主要措施有以下 6 个方面:

(1) 严格执行安全用电的各项制度,遵章守纪，非专职人员不得擅自操作电气设备。

（2）井下不得带电检修电气设备。严禁带电搬迁非本安型电气设备、电缆，采用电缆供电的移动式用电设备不受此限。停电检修时，开关、手把在切断电源时必须闭锁，认真执行“谁停电、谁送电”的停送电制度。

（3）加强电气设备的运行、维护和检查工作，严禁电网中性点直接接地。

（4）防止人体触及或者接近带电体。将人体可能触及的电气设备的带电部分全部封闭在外壳内，同时设置漏电保护装置。

（5）对导电部分裸露的高压电气设备无法用

外壳封闭的，应设防护罩或加栅栏隔离，防止人员接近。

(6) 设置保护接地装置。煤矿井下 36 V 以上电气设备必须有良好的保护接地。在井下高、低压供电系统中，装设漏电保护装置，防止供电系统漏电造成人身触电。

触电事故的伤害程度受电流的大小、持续时间、电流的途径以及电流频率、人体健康状况等因素影响。

三、机电设备防爆及失爆的预防措施

由于煤矿井下存在可以爆炸的瓦斯、煤尘，电气设备运行过程中产生的火花、电弧都有引燃、引爆瓦斯、煤尘的可能，所以，电气设备防爆至关重要，它是防止井下发生瓦斯、煤尘爆炸的重要措施。

1. 矿用电气设备

矿用电气设备分为两大类，即矿用一般型电气设备和矿用防爆型电气设备。

(1) 矿用一般型电气设备是专为煤矿井下条件生产的不防爆的一般型电气设备，只能用在井下没有瓦斯、煤尘爆炸危险的环境中。在矿用一般型电气设备外壳的明显处，均有清晰的永久性凸纹标志“KY”。

(2) 矿用防爆型电气设备是按照国家标准制造的，在防爆电气设备外壳的明显处，均有清晰的永久性凸纹标志“Ex”。

2. 电气设备的防爆、隔爆和失爆

防爆是指电气设备具有在存在爆炸性混合物地点的使用过程中不会引起周围爆炸性混合物发生爆炸的性能。矿用防爆型电气设备是指专供煤矿井下使用的防爆电气设备。

隔爆是指当电气设备外壳内部发生爆炸时，决不会引起外壳外部的爆炸性气体发生燃烧或爆炸的性能。凡具有这种防爆性能的电气设备称为隔爆型电气设备。

失爆是指当隔爆型电气设备的外壳内部发生爆炸时，引起壳外的爆炸性混合物质发生爆炸，或是从各处缝隙中喷出高温气体或火焰引起壳外爆炸性气体爆炸。

3. 电气设备失爆的预防措施

(1) 严格按《煤矿安全规程》规定的要求选用电气设备。

(2) 井下防爆型电气设备的管理由电气防爆检查部门全面负责，集中统一管理。

(3) 严把入井关。入井前必须检查产品合格证、防爆合格证、煤矿矿用产品安全标志及其安全性能，检查合格并签发合格证后，方准入井。

(4) 加强检查、维护。井下防爆电气设备的运行、维护和修理，必须符合防爆性能的各项技术要求。发现失爆电气设备，必须立即处理或更换，严禁继续使用。

四、矿灯的安全使用

矿灯是井下工作人员个人照明的工具，每个下井人员都必须佩戴一盏完好的矿灯，否则不准下井。

矿灯安全使用有关规定：

(1) 从矿灯房领取矿灯时应注意检查灯头、灯线、灯盒等零件是否完整、齐全、紧固，发现问题时，要立即更换。

(2) 不得手提灯线甩动灯头或提灯盒。

(3) 在井下不得强行打开灯头圈或灯盒盖，以免损坏闭锁和造成矿灯短路，产生火花，引起瓦斯、煤尘爆炸事故。

(4) 接触爆炸材料时，矿灯盒应套上绝缘灯套，防止引爆电雷管。

(5) 升井后及时将矿灯交回矿灯房。

(6) 矿井完好的矿灯总数，至少应当比经常用灯的总人数多10%。

(7) 矿灯应集中统一管理。每盏矿灯必须编号，经常使用矿灯的人员必须专人专灯。

(8) 矿灯应保持完好，发出的矿灯，最低应当能连续正常使用11 h。

(9) 矿灯应当使用免维护电池，并具有过流和短路保护功能。采用锂离子蓄电池的矿灯还应当具有防过充电、过放电功能。

(10) 加装其他功能的矿灯，必须保证矿灯的正常使用要求。

带电搬迁
设备触电事故

电弧灼伤事故

第二节　提升运输事故及其防治

提升运输事故是指在提升运输系统中由于作业人员违章作业、设备故障、管理不善而造成的各类事故。

一、刮板输送机伤害事故及其预防

1. 刮板输送机伤害事故的类型

刮板输送机伤害事故常见的有：刮板链打伤事故，转动部分绞伤事故，机尾翘起砸伤事故，挤伤或撞伤事故，电火花导致瓦斯、煤尘爆炸事故等。

2. 刮板输送机伤害事故的预防措施

(1) 操作人员必须经过培训,考核合格后持证上岗,刮板输送机必须有专人维护,有维修保养制度,保证设备性能完好。

(2) 启动前必须对输送机进行全面检查,包括工作环境和设备的状态等。启动前先发信号,然后点动试车,待确认无问题后再正式开车。

(3) 严格执行停电处理故障、停电检修制度。停电后在开关处要挂牌,并把采煤机闭锁。严禁运行中清扫刮板输送机。

(4) 刮板输送机的转动、传动部位应按规定设置保护罩或保护栏杆,机尾应设保护板;需横越输送机的行人处必须设置人行过桥。

(5) 不准在输送机机道内行走,更不准乘坐刮板输送机。当需要运送长料时,必须制订安全措施。

(6) 移动刮板输送机的液压装置必须完整可靠。移动刮板输送机时,必须有防止冒顶、片帮伤人和损坏设备的安全措施。

(7) 刮板输送机两侧电缆要按规定认真吊

挂，特别是在工作面移动的电缆要管理好，防止落入机槽内被刮坏或拉断而造成事故。

二、斜巷绞车运输事故及其预防

1. 斜巷绞车运输事故的类型

该事故类型常见的有：违章放飞车造成跑车事故，各种原因的断绳跑车事故，带电维修伤害事故，违章跟车扒车事故等。

2. 斜巷绞车运输事故的预防措施

(1) 斜井绞车司机要经过培训，考核合格后持证上岗。严禁违章作业。

(2) 绞车等设备完好，管理到位。

(3) 按规定设置和使用防护装置。

(4) 使用合格的连接装置和保险绳。

(5) 严格执行“行人不行车，行车不行人”的规定。

(6) 严禁多挂车或超载、超速运行。

(7) 严禁扒车或违章跟车。

三、人力推车伤害事故及其预防

人力推车时，作业人员应根据所运的材料和设备类型正确地选用运输车辆。例如，木材、金属管、金属支架、钢轨等长料运输应选用有框架的材料车，水泥、石子等可用矿车装运。各种货载的外形尺寸应与所通过巷道断面相适应，不得超高、超宽。《煤矿安全规程》对人力推车做了明确规定：

(1) 1 次只准推 1 辆车。严禁在矿车两侧推车。同向推车的间距，在轨道坡度小于或等于 5‰时，不得小于 10 m；坡度大于 5‰时，不得小于 30 m。

(2) 推车时必须时刻注意前方。在开始推车、停车、掉道发现前方有人或者有障碍物，从坡度较大的地方向下推车以及接近道岔、弯道、巷道口、风门、硐室出口时，推车人必须及时发出警号。

(3) 严禁放飞车和在巷道坡度大于 7‰时人力推车。

(4) 不得在能自动滑行的坡道上停放车辆，确需停放时必须用可靠的制动器或者阻车器将车辆稳住。

四、罐笼提升事故及其预防

1. 罐笼提升事故的类型

罐笼提升事故主要包括罐笼脱轨、过卷、卡

罐、断绳、蹾罐等造成人员伤亡、财产损失的事故。

2. 罐笼提升事故的预防措施

(1) 罐笼设计合理，符合技术规范要求。

(2) 罐笼每层内一次能容纳的人数应明确规定。超过规定人数时，把钩工必须制止。

(3) 立井使用罐笼提升时，井口、井底和中间运输巷的安全门必须与罐位和提升信号连锁。

(4) 井口、井底和中间运输巷都应当设置摇台或者锁罐装置，并与罐笼停止位置、阻车器和提升信号系统连锁。

(5) 用多层罐笼升降人员或者物料时，井上、下各层出车平台都必须设有信号工。

(6) 严禁罐笼在同一层内人员和物料混合提升。升降无轨胶轮车时，仅限司机一人留在车内，且按提升人员要求运行。

(7) 严禁超载和超最大载荷差运行。

【案例】 2021 年 12 月 2 日，某煤业公司发生一起采煤机与刮板输送机挤伤人事故，造成 1 人死亡。

(1) 事故原因分析

采煤工区副班长王某某在刮板输送机未停止运行的情况下,违章跨站在采煤工作面刮板输送机溜槽沿上进行挂铰接顶梁作业,不慎摔倒在运行的刮板输送机上,被刮板输送机拖入采煤机机尾与溜槽之间挤伤致死。

(2) 事故主要教训

① 职工现场互保联保制度不落实。与王某某共同负责铺网挂铰接顶梁作业的支护工赵某某未及时制止王某某违章作业。

② 区队安全管理不到位。区队现场管理不

到位，区队管理人员对作业现场违章作业行为未及时发现并制止。

③ 安全监督检查不到位。该煤矿对安检员的管理不力，对现场的薄弱环节监督检查不到位，对现场职工违章作业行为未及时发现和制止。

④ 职工安全教育不到位。职工安全意识不强，安全风险意识差，未严格执行采煤工作面作业规程的规定，现场违章作业。

学习任务卡

请走访你所在单位曾经在机电运输事故中成功脱险的人员或培训教师，谈一谈遇到机电运输事故时应怎样避险。请写在下面。

第十四章　煤矿爆破事故防治

第一节　爆破事故类型及爆破作业的基本要求

一、爆破事故的类型

爆破作业过程中由于违反技术规范、违章作业或爆破器材管理不善而引发的事故称为爆破事故。矿井常见的爆破事故有爆破崩人事故、炮烟中毒事故、爆破引发瓦斯和煤尘爆炸事故等。

二、爆破作业的基本要求

(1) 爆破作业人员应持证上岗，要加强对爆破器材的管理，严禁穿化纤衣服人员接触爆炸材料。

(2) 按适用条件使用质量合格的炸药、雷管，严禁使用非煤矿许用炸药和非煤矿许用电雷管。

(3) 在有煤尘爆炸危险的地点进行爆破时，20 m 内应进行洒水降尘。

(4) 加强警戒,严禁其他人员进入爆破地点。

(5) 严格执行操作规程,爆破作业前必须发出警号,至少再等 5 s 才可起爆。

(6) 爆破后,待工作面的炮烟被吹散,爆破工、瓦斯检查工和班组长必须首先巡视爆破地点,检查通风、瓦斯、煤尘、顶板、支架、拒爆、残爆等情况。如有危险情况,必须立即处理。

(7) 掘进巷道贯通爆破,当相距 20 m 时(综掘巷道相距 50 m 时),必须停止一掘进工作面作业,仍然保持通风,由另一掘进工作面贯通,并派专人负责警戒。

违反操作规程爆破

第二节　常见爆破事故预防

(1) 根据矿井瓦斯等级合理选用具有煤矿安全标志的煤矿许用炸药。

(2) 使用合格炸药,禁止使用过期、变质的炸药。

(3) 按照《爆破操作规程》作业,严格控制装药量,禁止裸露爆破。

(4) 确保装药和填塞质量,避免残爆和爆燃;装药前尽可能将炮孔内的水和岩粉吹干净,使有害气体产生减至最低程度。

(5) 炮眼封孔时应使用水炮泥,封孔长度符合《煤矿安全规程》的要求。

(6) 严格按照《煤矿安全规程》和作业规程的规定,爆破母线要有足够的长度。

(7) 确保"一炮三检制"和"三人连锁爆破制"的落实。

(8) 通电以后拒爆时,若使用瞬发电雷管至少等 5 min,如使用延期电雷管至少等 15 min,方可沿线路检查,找出拒爆原因。不能提前进入工作面,以免误爆伤人。

(9) 加强通风管理,采掘工作面及其作业地点风流中甲烷浓度达到 1.0%时,必须停止用电钻打眼;爆破地点附近 20 m 以内风流中,甲烷浓度达到 1.0%时,严禁爆破。

(10) 掘进工作面爆破后,待炮烟吹散吹净,作业人员方可进入爆破地点。

一炮三检制　　三人连锁爆破制

【案例】2017 年 9 月 13 日 14 时 40 分,某煤矿发生瓦斯爆炸事故,造成 10 人遇难、8 人受伤,估算直接经济损失 1 031.53 万元。

事故直接原因:该煤矿在 4# 煤层越界区域违

法开采，采用国家明令禁止的“巷道式采煤”工艺，未形成全风压通风系统，局部通风机未运行，工作面长期不供风，造成瓦斯积聚并达到爆炸界限，在未使用炮泥封孔的情况下，违规实施爆破产生火焰，引爆瓦斯。

学习任务卡

请走访你所在单位曾经在爆破事故中成功脱险的人员或培训教师，谈一谈遇到爆破事故时应怎样避险。请写在下面。

第十五章　煤矿安全生产隐患和违法行为举报

第一节　举报事项

一、《国务院关于预防煤矿生产安全事故的特别规定》相关规定

第二十三条规定，任何单位和个人发现煤矿未依法取得采矿许可证、安全生产许可证、煤炭生产许可证、营业执照和矿长未依法取得矿长资格证、矿长安全资格证的，或存在第八条第二款所列15种重大隐患情形的，都有权向县级以上地方人民政府负责煤矿安全生产监督管理的部门或者煤矿安全监察机构举报。受理的举报经调查属实的，受理举报的部门或者机构应当给予最先举报人1 000元至1万元的奖励，所需费用由同级财政列支。

二、《生产安全事故报告和调查处理条例》相关规定

第八条　对事故报告和调查处理中的违法行为，任何单位和个人有权向安全生产监督管理部门、监察机关或者其他有关部门举报，接到举报的部门应当依法及时处理。

三、《矿山安全生产举报奖励实施细则（试行）》相关规定

第三条　任何单位、组织和个人（以下统称举报人）有权向县级以上地方人民政府负有矿山安全生产监管职责的部门或者各级矿山安全监察机构（以下统称矿山安全监管监察部门）举报矿山重大隐患和安全生产违法行为。

第六条　举报人可以实名举报，也可以匿名举报。实名举报的，举报人应同时提供真实姓名和真实有效的联系方式；匿名举报的，举报人应同时提供通讯畅通的手机号码。

第八条　本实施细则所称的矿山重大隐患是指《煤矿重大事故隐患判定标准》（应急管理部令第 4 号，参见第五章）认定的情形和行为。

第九条　本实施细则所称的矿山安全生产违法行为，主要包括以下情形和行为：

（一）未依法获得矿山安全生产许可证或者证照不全、证照过期、证照未变更组织生产、建设的。

（二）未依法取得批准或者验收合格，擅自组织生产、建设的；违反矿山建设项目安全设施"三同时"规定的。

（三）停产整顿、整合技改、长期停产停建的矿山未按规定验收合格，擅自恢复或者组织生产建设的。

（四）非煤矿山外包工程队伍和管理不符合有关规定的。

（五）瞒报、谎报矿山生产安全事故，以及重大隐患隐瞒不报的。

（六）不按矿山安全监管监察部门下达的指令予以整改的。

（七）矿山主要负责人和安全生产管理人员未依法经安全生产知识和管理能力考核合格的。

（八）矿山特种作业人员未依法取得特种作

业操作资格证书而上岗作业的。

（九）承担矿山安全评价、认证、检测、检验工作的机构出具虚假证明文件的。

（十）法律、行政法规、规章和矿山安全标准规定的其他矿山安全生产违法行为。

第十条　举报人举报的矿山重大隐患和安全生产违法行为，属于矿山企业未上报、媒体未曝光、矿山安全监管监察部门没有发现，或者矿山安全监管监察部门虽然发现但未按有关规定依法处理，经核查属实的，给予举报人奖励。具有矿山安全监管监察职责的工作人员及其近亲属或者其授意他人举报的不在奖励之列。

第十二条　举报人可以通过安全生产举报投诉特服电话“12350”，或者以书信、电子邮件、传真、走访等方式举报矿山重大隐患和安全生产违法行为。举报的线索应当包含被举报的矿山名称、违法事实、时间、地点、联系方式和相关证据材料等；属于瞒报、谎报生产安全事故的，应当载明瞒报、谎报生产安全事故的矿山名称、事故发生时间、遇难人数、遇难者姓名、联系方式等相关信息。

第十三条　举报人举报的事项应当客观真实，并对其举报内容的真实性负责，不得故意捏造、歪曲事实，不得诬告、陷害他人和企业；否则，一经查实，依法追究举报人的法律责任。

第二十条　对举报实行等级管理。举报等级的高低按照举报的矿山重大隐患和安全生产违法行为（瞒报、谎报生产安全事故除外）精准程度、举报时间的早晚来确定。

一级：查实与举报的矿山重大隐患、安全生产违法行为的事实和地点基本相符，且矿山重大隐患、安全生产违法行为发生之日起3日内举报的。

二级：查实与举报的矿山重大隐患、安全生产违法行为的事实和地点基本相符，且矿山重大隐患、安全生产违法行为发生之日起3日（不含）后举报的。

第二十一条　查实矿山重大隐患和安全生产违法行为(瞒报、谎报生产安全事故除外)的奖励。属于一级举报的,奖励金额按照行政处罚金额的15%计算;属于二级举报的,奖励金额按照行政处罚金额的12%计算。最低奖励3 000元,最高奖励不超过30万元。

第二节　举报受理部门和电话、通信地址

中华人民共和国应急管理部

国家矿山安全监察局

安全生产举报投诉特服电话:12350

通信地址:(100713)北京市东城区和平里北街21号

"应急管理部安全生产举报"微信小程序

省级矿山安全监察机构

举报电话：

通信地址：

属地矿山安全监察分局(处)

举报电话：

通信地址：

省应急管理部门

举报电话：

通信地址：

市应急管理部门

举报电话：

通信地址：

县应急管理部门

举报电话：

通信地址：

第十六章　本矿井安全生产概况

一、本矿井基本情况

(一) 矿井名称

(二) 矿井地理位置

(三) 矿井生产能力(万吨/年)

（四）矿井安全管理与应急处置联系方式

1. 矿井主要负责人电话：

2. 矿井安全矿长电话：

3. 矿井安检科电话：

4. 矿井调度室电话：

5. 矿山救护队电话：

（五）矿井开拓方式

（六）矿井通风系统

（七）矿井供电系统

（八）矿井提升系统

（九）矿井运输系统

（十）矿井排水系统

二、本矿井主要灾害及防治措施

（一）本矿井顶板灾害防治措施与应急避险

（二）本矿井水灾防治措施与应急避险

（三）本矿井火灾防治措施与应急避险

（四）本矿井瓦斯爆炸事故防治措施与应急避险

（五）本矿井煤与瓦斯突出事故防治措施与应急避险

（六）本矿井煤尘爆炸事故防治措施与应急避险

（七）本矿井机电事故及其防治

（八）本矿井提升运输事故及其防治

三、从业人员安全培训登记表

姓名		性别		年龄		
职务		职称		学历		
身份证号						
工作单位						
联系方式				健康状况		
历次接受安全培训、考核的情况						
工作经历（从事煤矿安全、生产或技术等管理岗位相关工作的经历）						
技能晋升情况						
何时何地受到处分处理、责任追究（或安全生产违章行为）						